Caituban Qinghuajiao
Shiyong Zaipei Guanli Jishu

彩图版青花椒

实用栽培管理技术

况 觅　李姗蓉　吕玉奎　等　编著

U0238920

中国农业出版社
北 京

前言

FOREWORD

　　青花椒作为我国重要的花椒种类之一，近几年在西南地区得以迅速发展，占据了全国花椒总量一半以上的比重。青花椒具有栽培管理简便、适应性强、耐干旱、抗病性强、采收期限长、保持水土、改良土壤等优点，通常三年挂果、四年投产，见效快，附加值高，具有显而易见的发展优势，因此成为一项适宜边远山区及丘陵地区发展的，集生态效益、经济效益和社会效益为一体的特色产业。为促进青花椒产业在持续发展中更加规范、高效，技术管理更为适用、得当，重庆市农业技术推广总站联合荣昌区林业局、荣昌区经作站、江津区多种经营技术推广中心等单位，针对当前青花椒的主要品种、生产管理要点、采后加工处理等方面进行了资料搜集和整理，并编撰形成了本书。

　　该书的编写契合青花椒主要产区的生产管理

需求，内容涵盖了青花椒概述、青花椒的品种选择、青花椒的规范建园、青花椒的苗木繁育、青花椒的整形修剪、青花椒病虫害的绿色防控技术、青花椒的土肥水管理技术、青花椒的果枝调控及保花保果技术、青花椒的采收与采后处理等。全书文字通俗易懂，图文并茂技术科学实用、可操作性强，可作为实用工具书，供从事蔬菜技术指导工作的基层干部、农技员及广大椒农学习使用。

由于编者水平有限，疏漏和不妥之处在所难免，敬请专家、读者批评指正。

编著者

2020年6月

目录
CONTENTS

第八章 青花椒的果枝调控及保花保果技术

第九章 青花椒的采收与采后处理

第一章　青花椒概述

一、青花椒的地位与作用

我国花椒种类较多，全国约有45种、13个变种，且栽培历史悠久，在我国距今已有2 600多年的种植和使用历史，且因花椒栽植简单、喜光耐旱、对土质要求不严、适应性广、成活率高，所以在海拔200～2 200米之间、年降水在500毫米以上的温暖湿润山区，以及干旱、半干旱山区和丘陵区均有分布。根据2019年中国农学会有关项目在全国25个花椒产区开展的调研数据来看，当前，我国花椒栽种面积共计1 728.4万亩 *，年产干椒42.2万吨，已成为世界上花椒栽培面积和生产量最大的国家。其中青花椒作为重要的花椒种类之一，主要因果实色泽青绿，而与红花椒区别，目前主要包含竹叶花椒（*Zanthoxylum armatum* DC.）和青花椒（*Zanthoxylum schinifolium* Sieb. et Zucc.）两个种，分别属芸香科（Rutaceae）花椒属（*Zanthoxylum*）和崖椒亚属（*Zanthoxylum* Subgen. *Fagara*）的落叶灌木。主要分布在四川、云南、贵州和重庆等西南地区，以江津九叶青花椒、顶坛花椒、金阳九叶青花椒、洪雅藤椒等品种为代表。栽种面积为1 037.9万亩，年产干椒约27万吨，占全国花椒总量的60%。

---

* 亩为非法定计量单位，1亩=1/15公顷，下同。——编者注

从外观形态上看，青花椒一般株高在1～3米，枝干灰褐色，附短小皮刺，长有7～19片的椭圆形或椭圆状披针形小叶，且为羽状复叶，叶片边缘呈细锯齿状，齿缝间有腺点，表面绿色，有细毛，背面苍绿色，疏生油点，果实为2～3个上部离生的小蓇葖果集生于小果梗上，直径3～4毫米，成熟后外表皮灰绿色或暗绿色；种子球形或半球形，褐黑色，有光泽。因饱含挥发油成分，且具有特殊的辛、麻、香味，可去鱼、肉的腥膻味，更兼有开胃之功效，因此主要用作厨房的调味品，其果皮被誉为八大调味品之一，同时亦可充当香料、油料及药材，为中国药典收录的常用中药材。

在品质特性和用途上，青花椒和红花椒基本相同，仅在部分品质指标上存在差异，如青花椒麻味的持久度远远强于红花椒，但红花椒在香度和出油率方面的优势却远远大于青花椒。在具体使用方面，因花椒主要成分是挥发性芳香油、麻味素及各种醇类和脂肪酸，这些化学物质具有较高的实用价值。花椒根、茎、叶、花和果实中除含有药用成分外，还含有人体必需的氨基酸和微量元素等成分，在日常生活中常被用作调料和配料。花椒果皮含挥发性芳香油4%～9%，可蒸馏提取芳香油，作食品香料和香精原料；因果皮具有浓郁的麻香味，也是人们佐餐调味的佳品；花椒种子黑亮清香，一般含油量在25%～30%，可榨油，出油率达22%～25%。椒籽油属干性油类，味辛辣，可作调料食用，也可提炼芳香油、润滑油，制作肥皂，掺和油漆、润滑剂，是机械和化工原料。油渣含氮2.06%、钾0.7%，可用作肥料和饲料。花椒的果皮、果梗、种子以及根、茎、叶还可入药，有杀虫散寒、健脾除风、消食解胀、止咳化痰、行气止痛等功能；花椒嫩芽、幼叶还可直接烹调作蔬菜食用，椒柄、椒叶、树皮因其麻香味亦可用作去腥增鲜的调料或腌菜副料，增加食物香味。此外，花椒有发达的地下根部系统，固土能力强，在水土保持上也能发挥良好的作用。

在市场需求上，随着近年居民生活水平的提高，以花椒为原料制成的成品花椒油、花椒粉、快餐佐料等消耗量不断增加，同时随着居民饮食口味的变化，对麻辣菜系、火锅串串等重口味餐食的追捧，也有力促进了国内市场对青花椒的食用需求。然而，当前国内市场上青花椒的产品类型还相对单一，主要以附加值不高的干花椒、花椒油或保鲜青花椒等形式存在。其中，保鲜青花椒因采用冻干技术加工，营养成分和味道不易流失，且保存期限较长，在国内和日韩等地均受到消费者的喜爱，但目前保鲜青花椒的量还不足青花椒总体产量的10%，因此加大保鲜技术，甚至精深加工技术的进一步研究和应用，势必能为椒农和花椒企业带来可观的经济效益。因此，合理规划发展具有生态经济双重价值的青花椒产业，不仅能保持水土、改良土壤、改变生态环境，还能增加我国边远山区以及丘陵地区农民的经济收入，对改变农民的生活现状有着极大的推动作用。因此，发展青花椒生产前景广阔。

二、青花椒的植物学特征

1. **根** 青花椒为浅根性树种，根系在土层中的分布垂直面较浅、水平面较宽，整个根系水平伸展范围可达15米以上，约为树冠直径的5倍。其根系组成包括主根、侧根和须根。主根长度多在20～40厘米之间，壮年树主根最深可达到1.5米。主根上又会分生出粗壮的一级侧根3～5条，向四周呈水平状延伸，同时分生出小侧根，构成强大的根系骨架。青花椒侧根较发达，大的侧根主要集中在40～60厘米深的土层。主根和侧根上还会发出多次分生的0.5～1.0毫米的细短网状须根，须根上再长出大量细短的用于吸收水肥的吸收根，而这些细短的须根和吸收根则主要集中分布于10～40厘米深的土层，用于吸收土壤表层的水分和养分（图1-1、图1-2）。

3

图1-1　青花椒根系（一）　　　　　　　图1-2　青花椒根系（二）

2.芽　青花椒的芽是青花椒抽枝、长叶、开花和结果的基础，通常根据其形态、结构和发育特性分为混合芽、营养芽和潜伏芽等类型。

（1）**混合芽**　又称花芽。呈圆形，芽体饱满，被一对鳞片包裹，着生在一年生枝条的中上部。发育充实的混合芽，芽茎宽1.5～2毫米。因混合芽内同时存在花器和雏梢的原始体，所以在春季萌发时，会先抽生一段新梢，而后又在新梢顶端抽生花序、开花结果。青花椒树到盛果期后，很容易在生长健壮的结果枝、发育枝和中庸偏弱的徒长枝中上部形成混合芽。一般生长健壮的结果枝上部2～4芽均为混合芽。着生在枝条顶端的混合芽为顶芽，通常芽体充实、花量大、果序多；着生在叶腋间的花芽为腋花芽（图1-3），果序次之；着生在老弱枝、果薹副梢上的花芽不充实，开花少，坐果差。

图1-3　青花椒腋花芽

（2）**营养芽**　又称叶芽。叶芽小而光，多着生在壮发育枝、徒长枝或萌蘖枝上。芽体内含有枝柄的原始体，萌发后形成发育枝或结果枝。中庸偏弱的发育枝中、下部芽和徒长性结果母枝的顶芽一般为叶芽。叶芽的形态因着生部位不同差异较大，一般顶叶芽较大，可达3～3.5毫米，其余部位的叶芽相对较小。

（3）潜伏芽　又称隐芽、休眠芽。属叶芽中的一种，但芽体瘦小，发育较差，在正常情况下不能萌发形成新枝。潜伏芽着生在发育枝、徒长枝和结果枝的下部或基部，甚至在根系、根茎部位也有，其发生时期和位置不固定，故也称不定芽。潜伏芽寿命长，生活力长达几十年，受到修剪刺激或进入衰老期后，潜伏芽可萌发形成较强壮的徒长枝。

3.枝　青花椒树的枝按照其在树体上的部位可分为主干、主枝、侧枝；按照生长年龄可分为一年生枝（图1-4）、二年生枝和多年生枝（图1-5）；按照生长发育特征又可分为结果枝、发育枝和徒长枝。青花椒的枝干树皮为深灰色，粗糙，有皮刺，老树干上常有木栓质的疣痂状突起。小枝条灰褐色，生有稀疏的细毛或无毛。茎干上有增大的皮刺常早落，枝有短刺，小枝上的刺基部宽而扁，呈长三角形。青花椒树通常高2～7米，但因青花椒一般干性不强，为提高产量，树形多修剪为丛状形和自然开心形。因而青花椒从地面到第一主枝之间的主干通常较矮，高度在70厘米以下，而主干上部的中心枝要么平斜剪截，要么通过修枝整形后成为主枝之一。同时主干上端留下的饱满芽发育形成主枝，该

图1-4　青花椒一年生枝条

图1-5　青花椒多年生枝条及皮刺

主枝上的芽再发育形成侧枝，从而共同构成青花椒树冠的整体骨架。

（1）**结果枝** 指由混合芽萌发而成，着生果穗的枝。按其长短通常又分为长果枝、中果枝和短果枝。长果枝为5厘米以上的结果枝，中果枝为2～5厘米之间的结果枝，短果枝为2厘米以下的结果枝。盛果期后的大多数青花椒枝都是结果枝，且结果后先端芽及其以下1～2个芽仍可形成混合芽，成为后一年的结果枝。一般健康粗壮的中、长果枝结果率高，果穗大。

（2）**发育枝** 也叫营养枝，一般由前一年生枝条上的营养芽萌发而来，只发枝叶而不开花结果的枝。它是扩大树冠和形成结果枝的基础，也是树体营养物质合成的主要场所，通常在幼树期和结果初期形成较多。发育枝也有长、中、短枝之分，长度在50～110厘米之间不等。拥有一定数量的发育枝，是保证青花椒树体旺盛生长、连续丰产和结果枝不断更新的基础。

（3）**徒长枝** 由多年生枝上的潜伏芽在枝、干折断或受到剪截刺激及树体衰老时萌发产生，是一种较为特殊的营养枝。它一般存在于树冠内膛和树干基部，生长快，直立生长，长而粗，营养消耗大，发育不充分，木质化程度偏低，且树形紊乱，难以结果。因此，在青花椒初果期应及早疏除徒长枝，或根据树体发育需要，通过短截修剪等方式将其培养成结果枝组。

4.叶 青花椒叶片生长与新梢生长几乎同时进行，随新梢生长，幼叶开始分离，并逐渐增大加厚，形成完整成叶（图1-6），进行光合作用。青花椒叶片为奇数羽状复叶，互生，每一复叶有3～19片小叶，多数为5～9片。叶轴常有狭窄的叶翼，小叶多为长椭圆形或卵圆形，少为披针

图1-6 青花椒叶片

形，先端尖，小叶对生，无柄。叶缘有细裂齿，齿缝有油点，中脉在叶面微凹陷。同一复叶上，顶端小叶最大，由顶部向基部逐渐减小。小叶的大小、形状和色泽因品种、树龄、立地条件和栽培技术而有差异。一般情况下，立地条件好，栽培技术得当，树体生长健壮，叶片就大而厚，叶色也浓绿；立地条件差，栽培管理水平低，树体生长弱，则叶片小而薄，叶色淡绿。

5.花和果实 青花椒为聚伞状圆锥花序，顶生或生于侧枝之顶，由花序梗、花序轴、花梗和花蕾组成（图1-7）。雌雄同株或异株，异花授粉。花序轴及花梗密被短柔毛或无毛；花被片4～8片，黄绿色，形状及大小大致相同；雄花的雄蕊5～7枚；退化雌蕊顶端叉状浅裂；雌花很少有发育雄蕊，有心皮2～4个，花柱斜向背弯。发育良好的花

图1-7 青花椒花序

序长3～5厘米，着生50～150朵花蕾，花期4～8月。

青花椒果实为蓇葖果（图1-8），无柄，圆形，多为2～3个上部离生小蓇葖果，集生于小果梗上；果径3.5～6.5毫米。果面密生疣状突起的腺点，顶端有较短的芒尖或无，缝合线不明显，成熟时2裂。果皮2层，外果皮

图1-8 青花椒果实

灰绿色或暗绿色，内果皮黄色。单果，有种子1粒，圆珠状，种皮黑色有光泽，直径3～4毫米。果期5～9月。

三、青花椒的生育期与周年生长发育

1. 青花椒个体生长发育特性　青花椒的生命周期要经历种子萌芽、植株长成、开花结果和衰老死亡的全过程。通常情况下，青花椒的自然寿命为30～40年，最多可达80年。在青花椒植株的整个生长周期里，大体要经历幼龄期、初果期、盛果期和衰老期这4个相对独立而又互相关联、循序渐进的生长发育阶段。各阶段的时期长短和变化程度，主要取决于立地条件的好坏和栽培技术水平的高低。在青花椒整个生命周期的栽培管理中，应坚持以树冠的设计大小、布局合理为前提，以高产、稳产和长期的经济效益为目标，适当缩短幼龄期，最大限度地延长盛果期，有效缩短衰老期，合理应用栽培技术，创造良好生长环境，获得生命周期内的最大经济收益以及生态效益。

（1）幼龄期　从种子萌发出苗或苗木定植成活，到开花结果前为幼龄期，也叫营养生长期。青花椒幼龄期一般为2～3年。这一时期地下部和地上部迅速扩大，为树冠骨架建造和根系形成的重要时期，其生长好坏直接影响后期的早果和丰产。地下部主根从播种当年开始迅速生长，向下可延伸达30～40厘米，而定植当年地下部主根不明显，向下延伸的速度放缓，主根形成大量新根，并向四周水平方向伸展；地上部头一年主要是顶芽的单轴生长，生长量50～80厘米，高的可达1米，主侧枝的角度较小，分枝少或不分枝，营养生长旺盛，第二年起开始旺长分枝，各枝间长势基本一样，无明显中央领导枝，各枝分枝角度小、长势强，但枝展范围不如根系扩展范围。第三年，会形成较多的中、短枝，在自然生长状态下，枝展常大于树高。由于幼龄期新梢生长量大，节间长，停止生长晚，新梢生长消耗营养物质多，枝条内营养积累少，发育不充实，所以在这一时期要重点促进树冠和根系的迅速扩大，保证树体正常生长发育和营养积累，培养好树体骨架，为早结果和丰产打牢基础。

（2）**初果期** 主要指栽后第3年开始少量开花挂果，到栽后4～5年挂果量持续增加的这一时期，也叫生长结果期。这一时期的特点是前期树体生长仍然旺盛，分枝量大，树冠随骨干枝不断向四周延伸而迅速扩大并成形，同时树体养分消耗比重也明显增加，造成单株产量偏低。但到初果期后期，树体成形后，骨干枝延伸变得缓慢，分枝量和分枝级数增加，花芽量增多，结果量开始逐渐递增。在结果表现上，开始以长、中果枝结果为主，随后中、短果枝结果增多；结果的主要部位也由内膛向外围逐年扩展。初果期的果穗大，坐果率高，果粒较大，色泽鲜艳。由于初果期是进一步形成树体骨架且结果量逐年增加的时期，即由营养生长为主逐渐过渡到营养生长与生殖生长基本平衡的阶段。因此，在这一时期应重点加快完成骨干枝的配备，培养好枝组，在树体健壮生长的前提下，迅速提高产量。避免因片面追求高产，引起树体早衰，进而影响后续盛果期的年限和产量。

（3）**盛果期** 从开始大量结果到树体衰老以前为青花椒的盛果期。青花椒的盛果期一般可持续15～25年。此时，青花椒的根系和树冠的扩展范围都已达到最大限度，树姿逐渐开张，树体生长逐步减弱，骨干枝的增长速度减缓，生长主要集中在小侧枝上。树冠外围绝大多数枝成为结果枝，结果枝大量增加，大量结果，产量达到高峰，单株青花椒产量可达5～10千克。但在后期，骨干枝上光照不良部位的结果枝出现干枯死亡现象，内膛逐渐空虚，结果部位外移，短果枝比例显著增加，形成短结果枝群。这一时期如果管理不当或结果过多，都会引起"大小年"结果，加快衰老期的出现。盛果期是青花椒栽培获得最大产量收获和经济收益的时期，因此这时期栽培上的主要任务是稳定树势，防止"大小年"结果，推迟衰老期出现，延长盛果期年限，保证连年高产稳产，以争取最大的经济效益。

（4）**衰老期** 从树体开始衰老到死亡的这段时候为衰老期。

一般情况下，青花椒树龄达到25～30年以后就开始进入衰老期。这一时期营养枝及根系增加很少，树体长势逐渐衰退，主枝、果枝逐渐老化，树体吸收和制造的养料只能用于维持结果需求。初期树体主要表现为树体生活机能衰退，抽生新梢能力逐渐减弱，内膛和下部结果枝开始枯死，主、侧枝的先端出现焦梢、枯死现象，结果枝细弱短小，内膛萌发大量细弱的徒长枝，产量逐年下降。后期，二、三级侧根和大量须根死亡，部分主枝和侧枝枯死，内膛出现大的更新枝，向心更新生长明显增强，同时坐果率显著降低，产量急剧下降，1个果穗上常仅几粒椒果且果穗很小。因此，衰老期栽培管理要点为加强树体保护和肥水管理，延缓衰老。同时应充分利用内膛徒长枝，有计划地进行局部更新，使其重新形成新的树冠，以恢复树势，维持一定产量。

2. 青花椒不同部位的生长发育特性 青花椒植株的整体生长发育，离不开根、枝、芽、叶、花、果等不同部位的协调生长和促生共联。也正是由于各部位在生长发育上的相互影响和促进，才让青花椒形成了一个相对稳定的年周期变化。即一般在2月上旬至3月中旬萌动，3月下旬至4月上旬现蕾开花，4月中旬进入盛花期，4月中下旬花谢，5月初果实开始膨大发育，5月底至6月初，果实膨大成熟，为鲜花椒采收期，7月中旬果实着色，种子变硬，"立秋"后种子成熟的年生长发育过程。而各部分的生长发育特性，具体如下。

（1）**根系生长发育特性** 青花椒根系生长随土温和树体营养的变化而变化。受低温限制，根系生长表现出一定的周期性。一般情况下，根系早于地上部分开始生长。当春季10厘米深处地温达到5℃以上时，根系就会开始生长。直至落叶有3次生长高峰：第一次生长出现在萌芽前后，一般在萌芽前20天左右（约在2月上旬），青花椒开始先从骨干根前部网状根的基部产生大量粗而短（长约4毫米）的新根，随后新根的萌生逐渐向顶端转移，至青花椒萌芽期（约3月中旬至4月上旬）根生长达到第一个生长高峰；第二次生长出现在4～5月中旬的新梢生长减缓期，青花椒在网状根的顶端发生大量细而长（长约5毫米）的新根，并逐渐向基部转变，到5月上旬形成第二次根系生长高峰，随后发根减缓；第三次生长出现在果实采收后6月上旬至9月中旬，青花椒又产生许多白色吸收根，并随着雨量的增多而延伸至地表，形成第三次根系生长高峰。但第三次根系生长高峰期发根密度较第一、二次小，发根时间也较长。青花椒落叶后，当低温降至5℃以下时，根系逐渐停止生长，并进入休眠状态。另外，青花椒根系具有强烈的趋温性和趋氧性，喜欢在疏松透气的土壤中生长，若土壤积水过多，会造成根系供氧不足而突然死亡。

（2）**枝条生长发育特性** 当春季气温稳定在10℃左右时青花椒新梢开始生长。枝条的生长可分为如下几个阶段。

①第一次速生期。从青花椒3月萌芽、展叶、抽出新梢，到5月上旬椒果开始迅速膨大前为第一次速生期，历时2个月左右。前期，青花椒枝条主要利用树体积累的营养，但当新生叶片健全后，转变为利用当年光合作用所制造的营养。第一速生期枝条的生长量可占到全年的35%~50%。

②缓慢生长期。从6月中旬到7月上旬的高温时期，青花椒新梢的生长转缓，甚至停止生长，进入缓慢生长期。缓慢生长期历时20~25天。此时果实也逐渐终止膨大，开始进入成熟初期。果实开始营养物质的积累和转化，种子发育充实、变硬、变黑，果皮开始上色。

③第二次速生期。从7月中旬至8月上旬，新梢进入第二次速生期。这一阶段持续30天左右，到立秋后终止。枝条在第二次速生期的生长量占到全年的40%，其中发育枝的年生长量在50~110厘米，徒长枝在60~130厘米。但结果枝新梢在1年中只有1次生长高峰，一般出现在3月下旬至4月下旬，其生长高峰持续时间短、生长量小，一般生长长度2~15厘米。

④新梢硬化期。从9月中旬到10月上旬，当年生枝生长逐渐转缓，直至停止生长。此时，枝条积累营养，逐渐木质化，使得

当年生新的枝梢变硬,利于越冬。此时若不进行有效的管理,会导致当年生枝木质化不充分,越冬时因抗寒性差而干枯。所以,在青花椒果实采收后,应适时修剪、控制水肥、抑制枝条徒长,促进枝条的木质化和饱满芽的形成,为来年的丰产奠定基础。青花椒新梢的加粗生长同步于伸长生长,但持续时间较长。

(3) **芽的生长发育** 青花椒的芽一般从前一年的6月开始分化形成,到翌年3～4月气温达到10℃左右时萌发、抽出新梢,至6月新梢上又开始分化形成芽。一般从芽分化形成到萌发需9～10个月时间。

(4) **叶的生长发育** 青花椒叶的生长与新梢几乎同时开始。当新梢生长时,幼叶随之开始分离,并逐渐增大加厚,形成完整的成叶,发挥光合功能。叶片生长的快慢、大小和多少,与春季萌芽后的气温及前一年树体内贮藏的养分有关,温度越高、树体贮存的养分越多,枝叶形成的速度就越快、数量就多;相反,树体贮藏养少,枝叶形成速度就慢、数量也少。一般由萌芽到叶片长成需15～20天。最早萌芽长成的叶寿命可达5个月,而新梢停止生长后长成的叶子寿命仅有60天左右。每一枝条上复叶数量的多少,对枝条和果实的生长发育及花芽分化的影响很大。一般着生3个以上复叶的结果枝,才能保证果穗的发育,能形成良好的混合芽;着生1～2个复叶的结果枝,特别是只着生1个复叶的结果枝,其果穗发育不良,也不能形成饱满的混合芽,往往在冬季枯死。因此,生产中既要促进生长前期新梢的加速生长,加快叶片的形成,产生较多叶片,又要加强中后期管理,保护好叶片,防止叶片过早老化,维持较大的光合同化面积,促进树体养分的积累和贮藏。

(5) **花芽分化与开花结果** 花芽分化是指叶芽在树体内有足够的养分积累,并在外界光照充足、温度适宜的条件下,向花芽转化的全过程。花芽分化一般分为生理分化期和形态分化期两个阶段。芽内生长点的生理状态上向花芽转化的过程,称为生理分化。花芽生理分化完成的状态,称作花发端。此后,便开始花芽发育的形态变化过程，称为形态分化。花芽分化是青花椒年生长周期中一个十分重要的生理过程，它对青花椒产量、质量有着重要影响。花芽的分化则开始于新梢第一次生长高峰之后，从7月中旬左右开始，而花芽形态分化开始于翌年的2月上旬至4月上旬结束。4月中下旬左右，完成花蕾的分化，蕾期持续8～14天。5月底至6月上旬，果实采收后，花芽分化停止，准备越冬。青花椒的花蕾形成并越冬后，于翌年2月上旬到4月上旬进入雄蕊分化期，形成雄蕊。3月下旬至4月上旬花芽萌动。青花椒花芽萌动后，先抽生出结果枝，当结果新梢第一复叶展开后，花序逐渐显露，随新梢的伸长而伸展至长3～5厘米。花序伸展结束后1～2天，花开始开放。花被开裂，子房体显露1～2天后，柱头向外弯曲，由淡绿色变为淡黄色，分泌物增多，雌蕊开始授粉（约在4月下旬）。青花椒的花芽分化受许多内因和外因影响，其中树体营养积累水平和外界光照条件是影响花芽分化的主要因素。光照充足、营养物质积累多，花芽分化就会数量多、分化充实、质量好；反之，则花芽形成数量少、质量差。有的青花椒品种还有二次开花的特性，即着生在二次枝顶端的花在6月下旬至7月上旬开花。二次开花的花期很不整齐，但二次花坐果后果实发育较快，多数果实能够成熟。

青花椒开花授粉后柱头由淡黄变为枯黄色，随后枯萎。授粉6～10天后子房膨大，果实开始生长发育。青花椒从授粉受精到果实完全成熟，一般需80～120天。但青花椒果实的发育时间也因品种不同而有差异，一般早熟品种需时短（需88～90天）而晚熟品种需时长（需90～120天）。青花椒果实生长发育大体需经历坐果期、果实速生期、果实缓慢生长期、着色期和成熟期5个时期。

①坐果期。指雌蕊授粉6～10天后，从子房膨大、形成幼果，到4月下旬果实长到一定大小，结束生理落果的一段时期叫坐果期。坐果期一般可持续30天左右。一般坐果率在40%～50%。

②果实膨大期。指果实在柱头枯落后的15～20天内，果实迅速膨大的这段时期，此期可持续30～40天，果实长到一定大小，

生理落果基本停止。此时既是果实生长膨大期，又是花芽分化期，养分竞争较大。因此，这一时期的营养供应是丰产的关键。

③果实速生期。指在4月中旬至5月上旬，果实进入快速生长的一段时期。该期果实的生长量可占到全年果实生长量的90%以上。

④缓慢生长期。指果实速生期过后，体积增长基本停止的一段时期。该期主要是果皮增厚、种仁充实、果实重量继续增加。

⑤成熟期。指果实外果皮由浅绿色变为暗绿色，表面疣状突起明显，有光泽，有少数果皮开裂，种子逐渐变为黑褐色，种壳变硬，种仁也由半透明模糊状变成白色，标志着果实已充分成熟的时期。一般在果实全部着色后约1周果实即逐渐成熟，可进行采收。此时期采收通常主要用于晒制干椒或留种。青花椒用于食用而进行大量采收的时期通常在5月底至6月中旬的成熟初期。

四、青花椒适宜的环境

1.**温度** 青花椒为阳性树种，喜温暖气候，耐寒性相对较差。在年均气温8～19℃的地区都可种植，但在10～15℃的地区种植表现最好。而在年均气温低于10℃的地区，虽然也可种植，但常有冻害发生。春季气温高低对青花椒当年的产量影响较大。当日均气温稳定在6℃以上时，青花椒芽开始萌动，达10℃左右萌芽抽梢。花期适宜的平均气温为16～18℃，而花前30～40天的平均气温、平均最高温度会直接影响青花椒开花期的早晚，气温越高开花越早，反之则开花越晚。因此，在春季寒冷多风地区定植建园时，应为青花椒园营造防风林或风障，以防止青花椒树受冻，提高早期生长温度。果实发育适宜的日平均温度为20～25℃。

2.**光照** 青花椒是喜光性树种，一般要求年日照时数1 800～2 000小时。光照条件的好坏直接影响到树体的生长发育和果实的产量与品质。光照条件越充足，树体生长发育越健壮，开花结果数越多，产量越高，品质更佳。若光照不足，则枝条细弱，分枝少，果穗和果粒都小，果实着色差。如开花坐果期遭遇阴雨、低温、弱光，极易引起大量落花落果；在果实着色成熟期，若光照不足，则会导致果穗小、果皮薄、果粒瘪、色泽暗淡、品质不佳。就单株青花椒树来看，在自然生长状态下，树冠外围和内膛间存在显著的光照差异，从而表现出外围枝花芽饱满、坐果率高、成熟期较早，内膛枝花芽瘦小、坐果少、成熟期相对较晚的不同结果状态。因此，在建园时既要结合当地的日照条件来确定各株之间的栽植密度，同时，也要加强单株椒树的定形修剪，以求整体椒园的均衡高产。

3. **水分**　青花椒抗旱性较强，只要满足基本水分，都可以生长，但由于青花椒根系分布浅、须根多，贮水力弱，故难忍耐长时间严重干旱。当年降水量在400毫米以上时，可基本满足青花椒的自然生长发育和开花结果，最适年降水量为500～800毫米；若年降水量小于500毫米，且春季雨水少的地区，最好于萌芽前和坐果后各灌水1次，以保证青花椒的正常生长和结果。同时，青花椒根系不耐水湿，土壤过分湿润，不利于青花椒树生长；土壤积水或长期板结，易造成根系因缺氧窒息而使青花椒树死亡；青花椒生育期降水过分集中，会造成湿度过大，若花期长期连阴雨将影响坐果率；若成熟期雨水多，则导致果实着色不好，也不利于采收和晾晒，影响产品的产量和质量。总的来说，青花椒对水分的需求主要集中在生育期内，前期、中期宜多，对水分的补充应少量多次。一般当土壤含水量低于10%时青花椒叶片会出现轻度萎蔫，低于8%时出现重度萎蔫，低于6%时会导致植株死亡。

4. **土壤**　土壤是提供青花椒生长发育所需水分和养分的主要场所。青花椒属浅根性树种，根系主要分布在距地面60厘米深的土层内，因此，一般80厘米的土层厚度就能满足青花椒生长结果的需求。但土层越深厚，对青花椒根系的生长越有利，而根系强大则能使地上部枝叶生长健壮，果实产量高，品质好；反之，则会限制和影响根系的生长，无法汲取土壤深层水分和营养，形成"小老树"，导致树体矮小、早衰、低产。

青花椒根系喜肥好气。在肥沃的土壤上青花椒生长势强、抽

15

枝旺、产量高；在结构疏松、孔隙度适中的土壤上，根系的延伸生长和分布更佳。但同时，青花椒树耐贫瘠，适应性强，在土层较浅的山地也能生长结果。因此，除极黏重的土壤和沙性大的土壤、沼泽地、盐碱地外，一般的沙土、轻壤土、轻黏壤土均可进行青花椒栽培，其中，以沙壤土和中壤土最为适宜。

青花椒生长发育对土壤的酸碱度要求不严，在土壤pH为6.5～8.0的范围内都能栽植，但以pH为7.0～7.5的范围为最佳。青花椒喜钙，耐石灰质土壤，在pH为8.4的石灰岩山地上也能正常生长。

5. **地势** 青花椒多栽植于山地，而山地地形复杂，地势变化大，气候和土壤条件差异明显，不同的地形地势引起光、热、水资源和土质条件在不同地块上有不同表现，从而对青花椒的生长和结果产生不同的影响。其中海拔高度、坡度和坡向是主要的影响因子。一般情况下，青花椒的生长发育状况和坐果率会随种植海拔的升高而呈下降趋势。如竹叶花椒见于低丘陵坡地至海拔2 200米山地的多类生态环境，青花椒见于平原至海拔800米山地疏林或灌木丛中或岩石旁等多类生态环境。坡度的大小对青花椒树的生长也有影响，坡度越大，土壤含水量越少，冲刷程度越严重，土壤肥力低，不利于青花椒树的健壮生长。而缓坡和下坡的土层深厚，土壤肥力和水分条件较好，利于青花椒良好生长。此外，不同坡向的土壤温度、水分和光照条件存在明显差异。如南坡日照时数长，所获得的散射辐射光多，小气候温暖，物候期开始较早，所以种在阳坡和半阳坡上的青花椒品质明显好于阴坡。但在干旱、半干旱地区，受水分条件限制，阴坡的回温慢、蒸发量小，土壤蓄水量反而高于阳坡，从而使青花椒长势还略好于阳坡。

第二章　青花椒的品种选择

一、花椒的主要类型

芸香科（Rutaceae）花椒属（*Zanthoxylum* L.）约有250种，广布于亚洲、非洲、大洋洲、北美洲的热带和亚热带地区，温带较少。中国有2亚属41种14变种（表2-1、表2-2），南北方向自辽东半岛至海南岛，东西方向自台湾至西藏东南部均有分布。

表2-1　中国芸香科花椒属崖椒亚属28种7变种统计

种	原变种	变种	拉丁名
	崖椒亚属		Subgen.*Fagara* (L.)Schneid.
椿叶花椒			*Zanthoxylum ailanthoides* Sieb．et Zucc．
	椿叶花椒（原变种）		*Zanthoxylum ailanthoides* Sieb.et Zucc.var.*ailanthoides*
		毛椿叶花椒（变种）	*Zanthoxylum ailanthoides* Sieb.et Zucc.var.*pubescens* Hatusima
簕欓花椒			*Zanthoxylum avicennae*(Lam.)DC.
石山花椒			*Zanthoxylum calcicola* Huang
糙叶花椒			*Zanthoxylum collinsae* Craib.
砚壳花椒			*Zanthoxylum dissitum* Hemsl.
	砚壳花椒（原变种）		*Zanthoxylum dissitum* Hemsl.var.*dissitum*

（续）

种	原变种	变种	拉丁名
		长叶蚬壳花椒（变种）	*Zanthoxylum dissitum* Hemsl.var.*lanciforme* Huang
		针边蚬壳花椒（变种）	*Zanthoxylum dissitum* Hemsl.var. *acutiserratum* Huang
		刺蚬壳花椒（变种）	*Zanthoxylum dissitum* Hemsl.var.*hispidum* Huang
刺壳花椒			*Zanthoxylum echinocarpum* Hemsl.
	刺壳花椒（原变种）		*Zanthoxylum echinocarpum* Hemsl.var. *echinocarpum*
		毛刺壳花椒（变种）	*Zanthoxylum echinocarpum* Hemsl.var. *tomentosum* Huang
贵州花椒			*Zanthoxylum esquirolii* Lévl.
密果花椒			*Zanthoxylum glomeratum* Huang
兰屿花椒			*Zanthoxylum integrifolium*（Merr.）Merr.
云南花椒			*Zanthoxylum khasianum* Hook.f.
广西花椒			*Zanthoxylum kwangsiense*（Hand.~Mazz.）Chunex Huang
拟蚬壳花椒			*Zanthoxylum leiboicum* Drake.
雷波花椒			*Zanthoxylum leiboicum* Huang
荔波花椒			*Zanthoxylum liboense* Huang
大花花椒			*Zanthoxylum macranthun*（Hand.~Mazz.）Huang
小花花椒			*Zanthoxylum micranthum* Hemsl.
朵花椒			*Zanthoxylum molle* Rehd.
多叶花椒			*Zanthoxylum multijugum* Franch.
大叶臭花椒			*Zanthoxylum myriacanthum* Wall.Ex Hook.f.
	大叶臭花椒（原变种）		*Zanthoxylum myriacanthum* Wall.ex Hook. f.var.*myriacanthum*

（续）

种	原变种	变种	拉丁名
		毛大叶臭花椒（变种）	*Zanthoxylum myriacanthum* Wall. ex Hook. f. var. *pubescens* Huang
两面针			*Zanthoxylum nitidum*(Roxb.)DC.
	两面针（原变种）		*Zanthoxylum nitidum*(Roxb.)DC. var. *nitidum*
		毛叶两面针（变种）	*Zanthoxylum nitidum*(Roxb.)DC. var. *tomentosum* Huang
尖叶花椒			*Zanthoxylum oxyphyllum* Edgew.
菱叶花椒			*Zanthoxylum rhombifoliolatum* Huang
花椒簕			*Zanthoxylum scandens* Bl.
青花椒			*Zanthoxylum schinifolium* Sieb．Et Zucc.
峡叶花椒			*Zanthoxylum stenophyllum* Hemsl.
毡毛花椒			*Zanthoxylum tomentellum* Hook. f.
西畴花椒			*Zanthoxylum xichouense* Huang
元江花椒			*Zanthoxylum yuanjiangense* Huang

表2-2 中国芸香科花椒属花椒亚属13种7变种统计

种	原变种	变种	拉丁名
	花椒亚属		Subgen. *Zanthoxylum*
刺花椒			*Zanthoxylum acanthopodium* DC.
	刺花椒（原变种）		*Zanthoxylum acanthopodium* DC. var. *acanthopodium*
		毛刺花椒（变种）	*Zanthoxylum acanthopodium* DC. var. *timbor* Hook. f.
竹叶花椒			*Zanthoxylum armatum* DC.
	竹叶花椒（原变种）		*Zanthoxylum armatum* DC. var. *armatum*

（续）

种	原变种	变种	拉丁名
		毛竹叶花椒（变种）	*Zanthoxylum armatum* DC. var. *ferrugineum* (Rehd. et Wils.)Huang
岭南花椒			*Zanthoxylum austrosinense* Huang
	岭南花椒（原变种）		*Zanthoxylum austrosinense* Huang var. *austrosinense*
		毛叶岭南花椒（变种）	*Zanthoxylum austrosinense* Huang var. *pubescens* Huang
花椒			*Zanthoxylum bungeanum* Maxim.
	花椒（原变种）		*Zanthoxylum bungeanum* Maxim. var. *bungeanum*
		油叶花椒（变种）	*Zanthoxylum bungeanum* Maxim. var. *punctatum* Huang
		毛叶花椒（变种）	*Zanthoxylum bungeanum* Maxim. var. *pubescens* Huang
墨脱花椒			*Zanthoxylum motuoense* Huang
异叶花椒			*Zanthoxylum ovalifolium* Wight
	异叶花椒（原变种）		*Zanthoxylum ovalifolium* Wight var. *ovalifolium*
		多异叶花椒（变种）	*Zanthoxylum ovalifolium* var. *multifoliolatum* (Huang)Huang
		刺异叶花椒（变种）	*Zanthoxylum ovalifolium* Wight var. *spinifolium*(Rehd. et Wils.)Huang
川陕花椒			*Zanthoxylum piasezkii* Maxim.
微柔毛花椒			*Zanthoxylum pilosulum* Rehd. et Wils.
翼叶花椒			*Zanthoxylum pteracanthum* Rehd. et Wils.
野花椒			*Zanthoxylum simulans* Hance
梗花椒			*Zanthoxylum stipitatum* Huang
浪叶花椒			*Zanthoxylum undulatifolium* Hemsl.
屏东花椒			*Zanthoxylum wutaiense* Chen

二、青花椒的优良品种

本书所介绍的青花椒并不是分类学上芸香科花椒属崖椒亚属的青花椒（*Zanthoxylum schinifolium* Sieb. et Zucc.），也不是花椒亚属的花椒（*Zanthoxylum bungeanum* Maxim.），而是指云、贵、川、渝地区大面积发展的、以采摘尚未完全成熟的青绿色果实为主的花椒亚属竹叶花椒（*Zanthoxylum armatum* DC. Prodr.）的若干栽培品种，其主要优良品种有：江津九叶青花椒、荣昌无刺花椒、金阳青花椒、广安青花椒、眉山无刺藤椒、汉源葡萄青花椒、蓬溪青花椒等，果实商品成熟时一般呈青绿色，完全成熟时一般呈暗红色。

1. 江津九叶青花椒

（1）九叶青花椒（*Zanthoxylum armatum* DC. cv. 'Jiuyeqing'）（图2-1、图2-2）由重庆市江津区林业局从竹叶花椒中选育的林木良种，2005年11月30日通过国家林木品种审定委员会审定，良种编号：国 S-SV-ZA-020-2005。

图2-1　九叶青花椒（一）　　　　图2-2　九叶青花椒（二）

品种特性：根系发达，适应性强，对土壤要求不严，耐干旱瘠薄；生长旺盛，投产早，产量高，栽培管理方便；品质好，营养丰富，麻味香味浓郁，色泽佳；不耐涝和低温，花和幼树忌风。亩产干椒可达到并稳定在100千克以上，单株干椒产量可达3千克以上，精油含量9.4%，精油中芳樟醇含量50%～60%。

栽培技术要点：大穴（60厘米×60厘米×50厘米）栽植。5～6月或11～12月定植。施肥并防治病虫害。

适宜种植范围：重庆市花椒栽植区。

（2）早熟九叶青花椒（*Zanthoxylum armatum* DC. cv. 'Zaoshu jiuye qinghuajiao'）（图2-3）由重庆市农业科学院果树研究所、重庆市江津区林业局从竹叶花椒中选育的林木良种，2016年11月1日通过重庆市林木品种审定委员会审定，良种编号：渝 R-SF-ZA-002-2016。

图2-3　早熟九叶青花椒

品种特性：该品种为肉质浅根型根系；叶片为奇数羽状复叶，互生，小叶7～11枚；顶叶宽大厚实，单边叶脉数12～13条；基部小叶面积16～21厘米^2，叶片狭翼宽3.1～3.7毫米。树体矮化健壮特征明显，枝条短壮；结果枝长度70～85厘米，节间距3.2～3.6厘米；皮刺间距2.4～3.5厘米。花序为圆锥花序，着生100～180个花序，花序长度5～7厘米；雌蕊长2.2～2.3毫米。果实颗粒大，种皮麻味素含量高，香气浓郁。

栽培技术要点：采用种子繁殖，以9～10月秋播为主。播种前种子冷水浸泡1～2天，再用2%的碱水或洗衣粉水浸泡6～20小时，并去除种子表面油脂。处理后的种子均匀撒播于厢面，每亩用种量40～60千克。春季椒苗长至l0～15厘米时，按株行距10厘米×20厘米进行移栽，地径超0.5厘米即可出圃。果实由绿转红、极少量种皮开裂时采收，果穗剪下后放在阴凉干燥通风处晾干。

适宜种植范围：在土壤pH为7.8碱性紫色土壤中种植，无缺铁黄化等缺素症状发生，在海拔高度300～800米范围内生长结果性状良好。

2.**荣昌无刺花椒**　荣昌无刺花椒（*Zanthoxylum armatum* DC. cv. 'Rongchang wuci huajiao'）（图2-4、图2-5）是由重庆市荣昌区林业科学技术推广站从竹叶花椒中选育的林木良种，2016年11月1日通过重庆市林木品种审定委员会审定，良种编号：渝S-SV-ZA-001-2016。

图2-4　荣昌无刺花椒（一）　　　　图2-5　荣昌无刺花椒（二）

品种特性：落叶灌木，树高2.0～2.5米，冠幅3.0米×3.0米；奇数羽状复叶对生，小叶数1～5，中脉在上，凹下明显；幼苗小叶为7片，后多为5片，叶片宽大，呈长椭圆状披针形，长5～14厘米、宽2.5～4厘米；聚伞状圆锥花序长10～14厘米，有花多达220朵，花期2～4个月。蓇葖果颗粒较大，果皮有极显著凸起油点；心皮卵球形，5～6毫米，黑色；较耐寒，耐干燥，喜光，稍耐阴，生长适应性强，抗病虫害能力强。

栽培技术要点：春、秋季按3米×3米株行距栽植，栽时做到"窝大底平，深挖浅栽，重施底肥，熟土填窝，根深苗直，定根水足"。大穴60厘米×60厘米×50厘米，每株施渣肥2.5～5千克、过磷酸钙50克。填土灌水后以干土、碎石或杂草盖窝。幼树追肥以清淡腐熟农家肥为主，配施适量化肥（10余次/年）；结果树每年追肥3次，分别在初花、壮果和采收后，每株施50千克腐熟农家肥和1.5～2.5千克复合肥。

适宜种植范围：土壤pH为5～8之间的山地酸性黄（红）壤、丘陵微酸性至微碱性紫色土上均适宜种植，海拔300～800米，年降雨量500～1100毫米，年均温8.0～17.8℃，日照1200～1800小时。

3. 金阳青花椒 金阳青花椒（*Zanthoxylum armatum* 'Jinyangqing'）（图2-6）是由四川农业大学、金阳县林业局从竹叶花椒中选育的林木良种，2014年4月21日通过四川省林木品种审定委员会审定，良种编号：川S-SV-ZA-002-2013。

图2-6　金阳青花椒

品种特性：落叶高大灌木或小乔木，树干、主枝多灰褐色、多皮刺，树高3.0～5.0米，冠幅4.0～6.5米，枝条似藤蔓状。奇数羽状复叶，对生，叶轴具宽翅，叶片形似竹叶。花期3月初至中旬，果实商品成熟期为7～8月，为绿色，果实完熟期为9月上中旬，暗红色，干椒千粒重平均17.9克。完熟果芳香浓郁，麻味绵长。该品种颜色鲜绿、口味清香、香味独特而持久、麻味醇厚、早产、丰产、稳产、抗旱抗病虫，是品质优良的青花椒品种。

栽培技术要点：一般3～9月栽植，田边地角或房前屋后株行距3～4米（56～74株/亩），大田株行距3米×4米（56株/亩），套种林下经济植物株行距3米×6米（37株/亩）。穴状整地，穴施农家肥5千克、过磷酸钙0.5千克。整形修剪为丛状树形，无主干或低干（10～20厘米），主枝4～5个。盛产期加强重施基肥、适时追肥、防治病虫害、冬季培土等经营管理措施。

适宜种植范围：在排水良好、土层深厚、土壤肥沃的高钙壤土、紫色页岩风化土区域，海拔800～1500米、土层厚度在50厘米以上均可栽培。

图2-7 广安青花椒

4.广安青花椒 广安青花椒（*Zanthoxylum armatum* 'Guanganqing'）（图2-7）是由四川广安和诚林业开发有限责任公司、四川农业大学、广安市林业科学研究所从竹叶花椒中选育的林木良种，2015年4月13日通过四川省林木品种审定委员会认定，良种编号：川R-SV-ZA-009-2014。

品种特性：常绿至半落叶灌木，树皮灰褐色（嫩枝和茎为绿色），具皮刺和白色突起的皮孔。树干和枝条上均有基部扁平皮刺。圆锥花序，不完全花，纯雌花，具无融合生殖特性，为孤雌生殖。果粒较大、均匀、油腺密而突出，平均直径5.35毫米，干果皮千粒重达15.774克。定植2～3年后开花结果，5～6年后进入盛果期。鲜椒青绿色、香气浓郁、纯正、麻味浓烈、持久、纯正。

栽培技术要点：栽植密度设计一般为110株/亩，株行距2米×3米。栽植采用穴状整地施肥，熟土填窝，窝穴见方60厘米、深40厘米，每坑用5毫升代森锌杀菌，每穴施腐熟农家粪5千克、过磷酸钙0.25千克与熟土充分混匀后填坑内逐层踏实。选择土壤相对深厚肥沃且排水良好的地方进行，造林可以在秋季和春季进行。将椒苗放入穴中，让根系自然分布于穴内，边填土，边踏实，使根系与土壤充分接触，提苗使根系自然舒展，灌水，覆上虚土。保持较好的透光度，定干高度根据需要可设置为50～80厘米。

适宜种植范围：适宜在海拔800米以下，年平均温16℃左右，土壤pH为5.5～8.0，排水良好的山地丘陵及周边气候相似的竹叶花椒适生区种植。

5. 眉山无刺藤椒 眉山无刺藤椒（*Zanthoxylum armatum* 'Tengjiao'）（图2-8）是由四川农业大学、洪雅县林业局、洪雅县科技局、洪雅县藤椒协会从竹叶花椒中选育的林木良种，2015年4月13日通过四川省林木品种审定委员会审定，良种编号：川S-SV-ZA-001-2014。

图2-8 眉山无刺藤椒

品种特性：半落叶性高大灌木，树干皮刺坚硬，垫状突起。树高2.0～3.0米，冠幅3.5～5.8米、平均4.5米。圆锥花序，不完全花，纯雌花。无融合生殖特性，孤雌生殖。结实能力强，果粒较大。隐芽寿命长，易更新复壮。天然早实性，特殊香气。种育苗第二年即可成花结实，单株产量0.3～0.6千克，第三年单株产量2～3千克，第四年进入丰产期。

栽培技术要点：山地、平地、黄壤、紫色土均可种植，但不宜阴坡、水田栽植。栽植密度根据种植模式确定：常规、纯林栽植，株行距3米×4米；矮化密植，株行距2米×3米；套种，株行距3米×6米。培育中注意整形，保留30厘米低矮主干，其上分3个主枝，每主枝上分2～3个侧枝，形成自然开心形。在各级侧枝上重点培养良好的结果母枝。幼林期1年至少中耕除草、追肥3次，追肥以速效氮为主，按尿素8～10千克/亩、农家肥2 000千克/亩，距树干30～50厘米撒施或开浅穴施入。

适宜种植范围：四川盆地、盆周海拔1 200米以下，土壤pH为5.5～7.5，土壤为沙壤、紫色土、黄壤的竹叶花椒适生区种植。

6. 汉源葡萄青花椒 汉源葡萄青花椒（*Zanthoxylum armatum* 'Hanyuanputaoqing'）（图2-9、图2-10）是由四川农业大学、汉源县林业局从竹叶花椒中选育的林木良种，2019年3月25日通过四川省林木品种审定委员会审定，良种编号：川S-SV-ZA-002-2018。

图2-9　汉源葡萄青花椒（一）

图2-10　汉源葡萄青花椒（二）

品种特性：半落叶灌木，树干和枝条上均有基部扁平的皮刺，花期3月下旬至4月上旬，果期为7～9月，平均果穗长度为9.8厘米，果穗平均结实数73个，鲜椒青绿色，干果皮平均千粒重为18.9克。具有果穗长、果穗状如葡萄串、粒大皮厚、芳香油含量高、麻味略淡、气味清香柔和、口味纯正等特点，品质较为优良。定植2～3年后开花结果，5～6年后进入盛果期，单株鲜椒年产量5～18千克/株，产量高，较耐干旱、瘠薄，有较强的抗病能力。

栽培技术要点：可以在秋季和春季进行栽植，栽植密度55株/亩，株行距为3米×4米。大穴整地（60厘米×60厘米×40厘米），每穴施腐熟农家粪5千克、过磷酸钙0.25千克。定干高度根据需要可设置为30～50厘米，培养自然开心形和丛状形，加强集约经营管理，及时防治病虫害。以种子育苗为主，也可采用嫁接和扦插育苗。选择土壤相对深厚肥沃且排水良好的造林地。

适宜种植范围：四川大渡河流域及成都平原竹叶花椒适宜栽培区。

7. 蓬溪青花椒　蓬溪青花椒（*Zanthoxylumar matum* 'Pengxiqing'）（图2-11）是由四川蓬溪建兴青花椒开发有限公司、四川省林业科学研究院、蓬溪县林业局从竹叶花椒中选育的林木良种，2016年4月12日通过四川省林木品种审定委员会审定，良种编号：川S-SV-ZA-001-2015。

图2-11　蓬溪青花椒

品种特性：灌木或小乔木，果实成熟时为青绿色，完熟时为暗红色。果穗长5.0 ～ 12.0厘米，每果穗粒数30 ～ 90粒，平均鲜果百粒重9.5克，干果百粒重2.1克，蓇葖果，表面疣状腺点突起，有光泽，每百克含挥发油＞8.0毫升，总灰分含量4.1%，鲜椒、干椒皆宜，麻味浓烈持久，香气浓郁纯正。

栽培技术要点：每年2 ～ 3月和秋季的9 ～ 10月栽植。穴状整地，穴宽50厘米、深40厘米。栽植株行距3米×2.2米。生长期间注意幼树的定干剪切和成年结果树的修剪（"以剪代采技术"），栽后加强水肥管理，做好病虫害防治。

适宜种植范围：宜于川中丘陵区海拔300 ～ 600米、土壤pH 7.0 ～ 8.5之间的花椒适生区种植。

第三章　青花椒的规范建园

根据青花椒的形态学特征和生物学特征，进行科学建园，将青花椒生物有机体特性和建园特点有机统一起来，能减少管理成本，有效提高青花椒种植效益。本章着重介绍青花椒园地选择规划和园地建设的主要技术措施。

一、青花椒园地的选择规划

图3-1　花椒根系

青花椒喜温、抗旱、耐贫瘠、不耐涝，属于浅根性树种，须根发达（图3-1），对土壤适宜性较强，红壤、燥红壤、棕壤、紫色土均可栽培。青花椒园地选择一般从气候、水源、地形、土壤环境、空气质量等方面进行综合考虑。

青花椒园地应选择在海拔800米以下，坡度45°以下，土层厚度≥30厘米，土壤pH 6.5～7.5，年均气温10～20℃，年日照时数≥1 200小时，年降水量≥600毫米，背风向阳或半向阳、交通便利的平地及坡地。椒园尽量集中连片，便于经营管理、机械化作业和运用高新技术。

青花椒园地应选择在生态环境良好、无污染源的地区，远离工矿、公路、铁路干线，周边没有空气污染，无有毒、有害气体排放，具有可持续生产能力的农业生产区域，应达到我国农业行业标准《绿色食品产地环境质量》的相关要求。

青花椒园地空气质量衡量指标包括总悬浮颗粒物、二氧化硫、二氧化氮和氟化物4项，质量指标应符合表3-1的要求。

表3-1　环境空气质量要求

序号	项目	限值	
		日平均浓度	1小时平均浓度
1	总悬浮颗粒物，毫克/米³	≤0.30	—
2	二氧化硫，毫克/米³	≤0.15	≤0.50
3	二氧化氮，毫克/米³	≤0.08	≤0.20
4	氟化物，微克/米³	≤7	≤20

注：日平均浓度指任何一日的平均浓度；1小时平均浓度指任何一个小时的平均浓度。

青花椒园地应选择在灌溉水源充足、灌溉方便、水质量有保障的地区。灌溉水质量衡量指标包括pH、粪大肠菌群、氟化物、化学需氧量、石油类、汞、砷、铅、镉和六价铬共10项，质量指标应符合表3-2的要求。

表3-2　灌溉水质量要求

序号	项目	限值
1	pH	5.5～8.5
2	总汞，毫克/升	≤0.001
3	总镉，毫克/升	≤0.005
4	总砷，毫克/升	≤0.05
5	总铅，毫克/升	≤0.1

（续）

序号	项目	限值
6	六价铬，毫克/升	≤0.1
7	氟化物，毫克/升	≤2.0
8	石油类，毫克/升	≤1.0
9	化学需氧量（COD$_{cr}$），毫克/升	≤60
10	粪大肠菌群，个/升	≤10 000

青花椒园地土壤环境质量衡量指标包括砷、镉、汞、铅、铬、铜共6项，各污染物对应不同的土壤pH有不同的含量限值，具体见表3-3。

表3-3 土壤环境质量要求

序号	项目	限值		
		pH<6.5	6.5≤pH≤7.5	pH>7.5
1	总镉，毫克/千克	≤0.30	≤0.30	≤0.40
2	总汞，毫克/千克	≤0.25	≤0.30	≤0.35
3	总砷，毫克/千克	≤25	≤20	≤20
4	总铅，毫克/千克	≤50	≤50	≤50
5	总铬，毫克/千克	≤120	≤120	≤120
6	总铜，毫克/千克	≤50	≤60	≤60

青花椒园地要科学规划，为丰产稳产奠定基础。首先进行测量，画出园地平面图，或用在地形图上勾出椒园平面图，用1∶1 000比例尺和0.5～20厘米等高距测出等高线。再根据地形、地势、生产要求合理规划管理房、种植小区、道路、排灌系统、仓库、烘烤房、包装场、药池等，并绘出详细规划图。规划时，建筑物一般建在交通方便处，且尽量不占好田。每个种植小区的地形、土壤状况尽可能一致，以方便管理，小区面积一般为2～4公顷。

二、青花椒园的道路

青花椒园地道路系统一般由主路、支路和生产便道组成。主路宽 5 ~ 6 米，主要用于生产物资及花椒产品运入运出基地，主路应与主要交通道路连通。支路宽 3 ~ 4 米，主要用于将生产物资和花椒产品运入运出种植小区，支路应与主路连通。生产便道宽 1 ~ 2 米，主要用于田间生产管理，生产便道应与支路连通。主路和支路要结合种植小区的划分一起规划设计，平地青花椒园一般主路居中，贯穿全园，便于运输。支路为小区的分解线，生产便道可合理利用田埂。平地青花椒园道路常与排灌渠道结合，以节约用地。坡地青花椒园道路要结合地形合理设计，坡缓时，可顺坡斜上，坡陡的应横坡环山而上或呈之字形设计。

三、青花椒园的水利设施

青花椒园地水利设施设计应考虑自然条件、水土资源状况、农作物需水量、供水与灌溉方式。

作物需水量是灌溉系统规划设计的依据，也是灌溉用水调度的依据，在生产上可通过直接测定或利用公式直接计算确定作物需水量，直接计算作物需水量常以水面蒸发或产量为参数进行计算，以水面蒸发为参数的需水系数法计算公式为：$ET = \alpha E_0$ 或 $ET = \alpha E_0 + b$（ET：某时段内的作物需水量，以水层深度计，毫米；E_0：与 ET 同时段的水面蒸发量，以水层深度计，毫米；α：各时段的需水系数，即同时期需水量与水面蒸发量比值，一般由试验确定，青花椒可参考旱作物 $\alpha=0.3 ~ 0.7$；b：经验常数），此法国内外较多应用。

以产量为参数的需水系数法计算公式为：$ET = KY$ 或 $ET = KY^n + c$（ET：作物全生育期内总需水量，米^3/亩；Y：作物单位面积产量，千克/亩；K：以产量为指标的需水系数，米^3/千克；n、

c：经验指数和常数），公式中 K、n、c 可通过试验确定，此法把需水量与产量相联系，便于进行灌溉经济分析，对于旱作物，此法推算较可靠，误差多在30%以内。

青花椒园地的水利设施主要包括蓄水和排灌两部分，蓄水一般是利用现有的河流、水库、堰塘，或修筑塘坝、蓄水池、水窖等设施确保灌溉水源充足。青花椒园地多建立在坡地，主要采用雨水集流、蓄水灌溉或蓄水提灌，因此多会设计蓄水池，条件允许的情况下，蓄水池应建在椒园位置较高处，以便进行自流灌溉，蓄水池位置低于椒园的要配套提灌设施。蓄水池大小应根据集水面积和灌溉便利条件，因地制宜布局修建。排灌系统应遵循高水高用、低水低用的原则，符合自流灌溉面积最大、渠线顺直、水流顺畅、配水灵活、节约用地、便于耕作、运行安全、利于生态环境保护的要求。排灌系统由干渠、支渠、排洪沟等组成，干渠是连通灌溉水源或蓄水池到青花椒园地的通道，一般建在椒园一侧，并与等高线斜交或垂直，平地椒园可设在支路一侧，多用条石或预制构件修筑。支渠即灌水沟，多沿等高线修筑在梯田内侧或种植小区道路一侧，并与干渠相通。在椒园要因地制宜配置排洪沟，一般深70～80厘米、宽80～100厘米，以引排椒园中多集的雨水。将支渠末端与排洪沟相通，能排出梯田内的水。经济条件好的椒园，可建立现代化灌溉设施，如喷灌、滴灌、渗灌等。

四、青花椒园的园地建设

1. **改土整地** 改土整地能有效疏松土壤，提高土壤透气性，加快有机质分解，大大提高土壤地力。通常整地时间与园地周边条件有关，干旱地区或灌溉条件较差的地区，可以提前半年或1年进行整地，最好在雨季到来前完成整地。若是水源条件较好的地区，可以采取随整地随栽种的方式。

改土整地的方式与地形有关。在平地或者是缓坡地建园，可采取全园深翻改土（图3-2）或是壕沟式改土（图3-3、图3-4）。全

图3-2 全园深翻改土

图3-3 壕沟式改土

图3-4　壕沟式改土的标准椒园

园深翻改土是先将底肥均匀撒在表土，然后将全园深翻30～50厘米，把表土和底肥填入下部，底土翻到表面，并将其耙平耙细。深翻完成后，再按一定株行距挖长宽60厘米、深50厘米的定植穴栽植。壕沟式改土相对于全园深翻改土成本更低，更适宜在缓坡地带运用。一般定植带宽1～1.2米，带间距40～60厘米，带深60～80厘米。与全园深翻类似，也是将定植带表土、底土分开堆放，先将表土和粗的有机质填入，再在上面填入底土和优质肥，每平方米填入粗有机质30～50千克、厩肥40～60千克、饼肥1～2千克、磷肥1～2千克。定植带挖好后，即可在带内挖定植穴，定植穴规格为长宽各50厘米、深40厘米。一般来说，平地为东西走带，坡地沿等高线走带，这样的方式更有利于增加光照。全园深翻和壕沟式改土均需挖出宽度在1米左右的排水沟以防积水。

　　在山地和丘陵地带建园，可以选择修筑水平梯田或反坡梯田（图3-5、图3-6）。水平梯田田面宽度视坡度而定，一般而言，坡度越大，田面宽度越窄，通常25°以上，田面宽度为2米；25°以

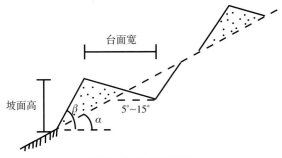

图3-5 反坡梯田示意图

图3-6 改完土的反坡梯田

下，田面宽度可适当增大，但控制在10米以内。反坡梯田是由边埂、排水沟、梯壁、护坡、梯田田面构成。梯田外侧要略高于内侧，防止雨水冲刷，外侧根据取材不同可分为土埂或石埂，石埂多为直壁式，土埂则多为斜壁式。梯田内侧需挖排水沟，避免梯田积水。在修好的田面上挖穴，穴的规格一般为40厘米×40厘米×40厘米，具体数值可微调。

在房前屋后等零星地块（图3-7），则可以直接采用定植穴改土，因地制宜挖穴栽种，一般穴长宽各50厘米、深40厘米即可。除了以上改土整地方式，还有一种在南方较少用到的改土方式，即鱼鳞坑整地，此法多用于石质山坡，采用挖坑的方式分散拦截坡面的径流，控制水土流失，具有较强的保水能力。具体方法为在较陡的坡面沿等高线自上而下地挖直径约1.5米的半月形

图3-7 房前屋后栽种的花椒树

土坎，将石块、草根等堆在土坎上，然后挖定植穴，穴的规格为40厘米×40厘米×40厘米。鱼鳞坑成品字形排列，坑间距2～3米，上下两排坑距2×3米。

2.苗木要求 苗木质量在很大程度上影响定植后的存活率、生长快慢及结果早晚。苗木质量的高低主要看品种是否纯正，根系是否完整，茎干是否粗壮，是否有病虫害。我们选择的苗木最好符合国家一级苗或二级苗的标准。一级苗标准为：根系应无劈裂，主侧根、须根较完整，主根长28厘米以上，苗高达到80～120厘米，茎干粗达到0.8～1.2厘米，茎干和根系无病虫害，芽体饱满的1～2年生苗。二级苗标准为：根系应无劈裂，主侧根、须根较完整，主根长25厘米以上，苗高达到60～100厘米，茎干粗达到0.6～1厘米，茎干和根系无病虫害，芽体饱满的1～2年生苗。

若苗木通过远程运输调运，在起苗前5天就需给苗圃浇水，待土收干后起苗，起苗时应顺苗圃厢依序进行起苗，最好以锄头松土的方式起苗，减少椒苗伤根太多的现象，保证椒苗根系完整。

起苗后，应在背风阴凉处按要求立即分级，根系蘸浆（注意泥浆要调稀，避免根系周围结成泥壳，影响根系的呼吸活动），分级后的椒苗按50株或100株打捆装车，根系用塑料薄膜包住，运输过程中及时喷洒清水，使根系保持湿润。在栽植前，要适当修枝、剪根和截干，修枝可以减少苗木水分的蒸发。剪根是剪去病虫根和机械损伤严重的根系，避免病虫害。截干可以减轻风吹摇动根系的伤害，这在风害严重的地区经常使用。在定植前，通常会使用生根剂溶液或者是生根剂泥浆浸根，可有利于新根的产生，现阶段常用的生根剂有吲哚乙酸、吲哚丁酸、萘乙酸、ABT生物菌生根粉等，都具有较好的效果。

3. 苗木栽植 苗木栽植时间可选择春季或者秋季。春季栽种一般选择3月上中旬，以惊蛰前后14天为宜，即在苗木芽体刚萌动前栽植。秋季栽植一般选择10～11月，即在花椒叶片变黄快要落叶的时候栽种，这个时候苗木已进入休眠期，地上部分生命活动减弱，苗木蒸腾量小，而地温还比较高，适合花椒根系生长，根系能及时提供地上部分所需养分。孙丙寅的研究表明，秋季栽种的成活率普遍比春季栽种高36%。花椒萌动期较早，春季栽种的花椒地上部分的生命活动逐渐加强，对养分的消耗逐渐增多，根系无法供应足够的养分，这是导致其成活率较低的原因。除了春秋季栽种，在干旱的山地，还可以选择在雨季进行栽种，最好是栽后要有2～3天的雨天，成活后需要施尿素或者是高氮复合肥促苗。栽种时间确定后，就要根据地势、土壤质地管理要求和规划期望产量来确定栽植株行距挖定植穴。一般而言，土层薄采用2米×3米、2米×3.5米，土层厚采用3米×3.5米、3米×4米等。树姿直立的可适当密植，树姿开张的要稀植。定植穴一般规格为长宽各40厘米、深50厘米。若土壤为黏土或者下层为不过水层，可适当加深定植穴深度，打破不过水层，避免栽种后出现积水现象。

挖坑时，将表层土与底层土分开堆放，表层土与底肥（每个定植穴混合5～10千克底肥）混合后回填部分，然后将种苗放入坑的正中，使其根系舒展摊开并开始回填混合的粪土，待填到一半时，轻轻提抖苗木，使苗木根系与土壤紧密结合，待表层土填完后，回填底层土，边填土边轻轻踏实，覆土不能超过苗木根茎部。栽好后用余土做好树盘，以便后续灌溉和生产管理。定根水需根据土壤含水量多少来确定，若土壤较干，应浇足定根水，以带水渗入土壤不积水为宜；若是在下雨天或者土壤本身湿度大的情况下，可不浇或少浇定根水。浇完定根水待水渗透后且土壤不成泥浆状态的时候，用干土覆盖在上面，或者用黑膜或者银灰膜覆盖在树盘上，可减少水分蒸发。由于花椒苗根系是肉质根，没有充分木质化，栽时用手按或脚踩将泥土压实，不宜用锄头捶打。

4.附属设施（生产管理用房、电力设施、烘干房、养殖场等） 大型椒园应设置生产管理用房、烘干房、晾晒场、水电供应等规划，园内建筑物规划以不占沃土、方便实用为原则，以节省土地和造价，降低建园成本。包装场和贮藏室选址要在交通便利的地方，便于花椒成品运输。另外，花椒种植也可以结合林下养鸡（图3-8），选择开阔地修建鸡苗温棚和鸡舍，并围上护栏，充分利用椒园资源，整合种养。

图3-8 花椒林下养鸡

第四章　青花椒的苗木繁育

一、青花椒播种育苗

1.青花椒种子的采收和处理　选择结实多、生长健壮、抗性较强、品质优良的8～12年生壮年树留种作采种母树，在8月下旬至9月中旬当果实外皮全部呈紫红色、内种皮为蓝黑色即母树种子完全成熟以后采收种子（图4-1），采收的青花椒种子忌暴晒。

图4-1　青花椒成熟果实及种子

青花椒种壳坚硬油质多,不透水,发芽比较困难,在播种前需要进行脱脂处理(图4-2)。播种前将种子放于碱水中泡48小时(1千克种子用碱面25克,加水量以淹没种子为宜),除去秕粒。反复搓洗后把种皮油脂用清水冲干净,捞出后再进行消毒、催芽,可使播种苗出土早,苗齐、苗壮。

图4-2 青花椒种子处理

2.**播种** 在邻近栽植地的背风向阳处,选择土层深厚、肥沃、排水良好的沙壤土或壤土作为育苗地。苗圃地要细致深翻、耕细、整平,做成宽1～1.2米、长10～15米的苗床,施足底肥。播种以秋播为佳,播种前先在苗床的底部灌水,然后将消毒和催芽好的青花椒种子撒播在苗床上,每亩播种量30千克左右,最后用细土覆盖种子,再在上面铺上陈年稻草(图4-3)。

图4-3 青花椒播种

3.**苗期管理** 当花椒苗达5～8厘米时,一般一亩播种苗可栽4～5亩,亩产合格苗4万株,在2～3月将小苗撬起,排栽在经过深挖细耙和开厢的土地中,按行距20厘米、株距12厘米的规格排栽(图4-4)。苗木生长期于6～7月每亩分别施入化肥10～12.5千克,或人粪尿

图4-4 青花椒幼苗管理

300～400千克，施肥与灌水相结合，施后及时进行中耕除草。花椒苗怕涝，雨季到来时，苗圃要做好防涝工作，同时做好立枯病与根腐病的防治。

二、青花椒嫁接育苗

青花椒嫁接育苗的砧木采收、处理和播种均与播种育苗相同。不同之处在于以下几个方面。

1. 砧木选择 生产中一般以健壮、敦实、根系发达、基部光洁且无病虫害、高40厘米左右、地径1～2厘米的实生青花椒幼苗作嫁接的砧木，成活率较高，效果喜人，值得推广。由于野生竹叶椒比栽培青花椒抗逆性更强，以野生竹叶椒实生苗作砧木嫁接的青花椒栽培成活率更高、长势更好、产量更高，更应该大力推广（图4-5）。

图4-5 野生竹叶椒实生苗

2. 接穗采集 选择阳光充足、连年丰产、无病虫害并已结果10年以上的健壮青花椒作采接穗母树，选择已木质化的二年生或半木质化的一年生、芽眼饱满的枝条作接穗，在晴天下午或阴天采集树冠上的穗条，去掉没有木质化的嫩梢和基端过老的枝段，并将枝上的叶子及椒刺除净，进行封蜡贮存备用（图4-6）。

3. 嫁接时期与嫁接技术 生产实践中以春季为最佳嫁接时期，一般可用芽接法、劈接法、舌形插皮接等方法进行嫁接（图4-7）。

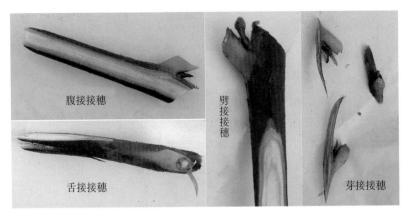

图4-6 青花椒接穗

图4-7 青花椒嫁接苗

（1）**青花椒芽接技术** 芽接适合在春、夏、秋嫁接。在较大一点的青花椒接穗上任选一枚无病虫害的芽眼饱满、健壮的芽苞作接穗，选好接穗芽苞后，立即将其削成长3厘米的芽块，以深至木

43

质部且芽块带木质部为宜，再在芽块的背面芽块基部一端斜削1厘米长、角度为45°的斜口，基端削成齐口状，同时从青花椒砧木基部离地10～15厘米的位置将茎秆剪断，并迅速除去砧桩上的椒刺。再在砧木顶端往下2厘米的位置削一个长3～4厘米、深达木质部的皮口，将已削好的接穗芽及时嵌入砧木皮口，将接穗芽插入往下推紧，芽的一边与砧木皮口的一边对齐，让形成层充分对齐，接穗底端外部一端与砧木皮层一端自然对齐，让其充分接融。嵌好接穗芽后，及时封膜，封膜时一手将长约40厘米、宽约5厘米的膜条一端封住芽苞，另一手姆指固定膜条，然后从上至下封膜，要求封紧封严，以不漏气为宜。在封的过程中要注意芽苞上的芽眼只能封1层膜，过多会影响接穗芽萌发伸出，影响成活率。还要注意用膜封包的同时，要将砧木顶端全封闭，否则会产生伤流，消耗营养，从而影响成活率（图4-8）。

图4-8 青花椒芽接

（2）**青花椒劈接技术** 青花椒劈接方法较简单。具体做法是先选择青花椒接穗芽苞饱满、粗细均匀、节间匀称、无病虫害的穗条作接穗，选好穗条后，及时将接穗基端剪平，然后从芽侧端往下1厘米的位置削下，深度以不超过髓心为宜。另一端也同样这样削，削成上端略厚一点的接穗。下端削薄一些，长为3～5厘米的穗枝，削好穗枝后，立即将砧木从10～20厘米的位置剪断，将断面一端削平整，再将砧木髓心以外的一端削开深度3～5厘米，接口划好后，及时将已削好的穗枝插入砧木接口，接穗一端与砧木一端对齐扣紧。然后及时封膜，封膜时注意不要松动，不能让已插好的穗条移位，先将下端固定后，再往上面封膜，将砧木顶端及穗芽顶端封严，但穗芽只能封一层膜，否则影响接穗芽苞萌芽，影响成活（图4-9）。

（3）**青花椒舌接技术** 青花椒舌接技术，非常适合青花椒大树的高接换种和砧木粗度在3厘米以上的茎秆操作。具体方法：选择较大的接穗且芽眼饱满、无刺、无病虫害、粗细匀称的枝条，将基部一端剪除后从芽眼的反面一端斜削下去，呈斜面状，深度略超过髓心，再从斜面的两侧各削一刀，深度以不超过形成层、不见木质部为宜，之后在斜口背面1厘米左右的位置斜削一刀，呈45°角，削好备用，削好接穗之后，立即将砧木在适当的位置锯断，削平断面口，然后在无刺光洁的一侧削长约5厘米的皮口，深达木质部，再用力向左右剥离皮层，将削好的接穗插入削好的皮口内，使得砧木皮层紧贴接穗皮层充分接融，然后迅速封膜，封膜做到紧密、严实、不漏气，同时封好砧木顶端部分及接穗芽顶部，但芽眼处只能封一层（图4-10）。

图4-9 青花椒劈接

图4-10 青花椒舌接

4.青花椒嫁接苗的综合管理 青花椒嫁接苗不论用哪种方法嫁接，在管理上都不能忽视，只有科学管理、精心培育，方能取得成功。所以，嫁接以后的管理尤为重要。首先，青花椒苗嫁接后至芽萌发以前，千万不能灌水，更不能施肥。因为，青花椒嫁接未成活时，施肥、灌水会导致芽苞内积水太多而霉烂。当在嫁接后12～18天，芽苞开始萌动发芽，紧接着抽梢，这段时间

图4-11 青花椒嫁接苗施肥灌水

要随时除萌，也就是将砧木上萌发出来的实生芽抹除，使养分集中供给接穗芽生长。当接穗芽伸长至30～40厘米时要适时摘心控长，其目的是让新梢积累养分、尽快木质化、增强抗逆力，这是青花椒嫁接苗管理的关键。当完成幼梢摘心以后，就可以灌水施肥了，但灌水不能太多，施肥不能太浓，一定要采取少量多次，看苗施肥减少浪费，灌水适中不贪多（图4-11）。

同时要做到及时除虫防病，特别是在接穗萌芽至抽梢期要注意防治立枯病、根腐病、凤蝶及天牛等病虫害，确保幼苗生长健壮（图4-12）。并随时观察嫁接苗的嫁接接口愈合状况，当伤口完全愈合时就要细心彻底地去膜，以免在嫁接外形成深凹而影响苗子的正常发育（图4-13）。

图4-12 青花椒嫁接苗病虫防治

图4-13 青花椒嫁接苗去膜绑缚

在生产中只要把握好了以上关键技术，就一定能培育出根系发达、植株健壮、粗细匀称的优质青花椒嫁接苗。

三、青花椒容器育苗

青花椒容器育苗的种子采收、处理和播种均与播种育苗相同。不同之处在于以下几个方面。

1.**营养土配制** 青花椒容器育苗营养土的配制，就地取材，要因地制宜。一般配制的方法有：腐熟的猪（牛）干粪、厕肥或饼肥等占3%～5%，火烧土30%，肥土（菜园土或塘泥等）60%，磷肥1%～3%，然后充分拌和均匀（图4-14）。

图4-14　青花椒容器苗营养土配制

2.**装杯和排杯** 选在造林地附近的苗床周围，先将拌和均匀的营养土分层装入营养杯中并压实装满，然后在苗床上开出比地面低半杯的床面，再在床面上取10的整数排杯，并用细土堵塞杯洞间的空隙，排完杯后，将掘出的土覆于床的四周，即成高床（图4-15）。

3.**小苗移植** 当播种之后的小苗长到大约7厘米高之后，将播种床和营养杯喷一次透水，在播种床中用手轻轻地将小苗扯出，用小竹筷插入到营养杯中并向四周按压成洞后取出，再将小苗插入杯中小洞内，然后在小洞四周用小竹筷将土壤填平（图4-16）。

图4-15　青花椒容器苗的装杯和排杯

4.苗期管理　小苗移栽后要及时灌一次定根水。小苗成活后，结合苗床和小苗情况适时灌水、施肥、防治病虫害。一般在6～7月苗木速生期分3次追施氮肥，8月追施1次钾肥（图4-7）。秋季或翌年春季即可出圃造林。

图4-16　青花椒容器苗的小苗移植　　　图4-17　青花椒容器苗的苗期管理

第五章 青花椒的整形修剪

一、青花椒的合理树形培养

青花椒是喜光树种，发枝力强，如不进行整形修剪或整形修剪不合理，很容易造成树冠稠密，内膛光照不良。如果进行合理的整形修剪，在通风透光的前提下逐步培育分布均匀的强健骨架，不但使树体骨架牢固，增强抗风力，提高负载量，而且枝条分布合理并形成高产稳产的树形结构，充分利用空间、光照及营养条件，提高青花椒的产量和质量，可以达到高产、稳产的目的。青花椒的整形首先应考虑光照和通风条件，一般在山地栽培青花椒适宜采用自然开心形树形，而水肥条件好、光照充足的地方则适宜采用多主枝丛状形树形。

1. **自然开心形** 主干明显，干高30～40厘米，干上有3个分布均匀的主枝，主枝基角60°。每个主枝有2～3个分布均匀的一级侧枝，一级侧枝距主干40～50厘米。每个一级侧枝上有3～5个分布均匀的二级侧枝，二级侧枝距一级侧枝50～60厘米。主、侧枝上着生结果枝组（图5-1）。

图5-1 青花椒自然开心形树形

图5-2 青花椒多主枝丛状形树形

2. 多主枝丛状形 主干不明显，基部有4～5个长势均匀、方向不同的主枝，主枝与垂直方向的夹角为基部30°～50°、中部40°～60°、梢部60°～80°；每个主枝上有1～2个距树干40～50厘米的一级侧枝，两个一级侧枝分布方向相反；每个一级侧枝上有2～3个距一级侧枝50～60厘米的二级侧枝，与垂直方向夹角为60°～80°；结果枝着生在主、侧枝上，与垂直方向夹角为70°～90°。整个树形结构呈丛状（图5-2）。

二、青花椒修剪的方法与作用

图5-3 青花椒疏剪

1. 疏剪 疏剪是指将1～2年生枝或一个枝序从基部剪除（图5-3）。疏剪可以协调各枝间的长势，增强树冠的通风透光，促进枝梢生长旺盛。

2. 短截 短截是指将每年的结果枝剪除枝梢，保留基部（图5-4），有利于更新枝梢，调节花量，平衡树势。

3. 回缩 回缩是指将一年生或多年生枝的中上部剪除（图5-5）。有利于更新衰老枝序，改善树冠上下层之间及内部光照条件，促进内膛枝抽生。

图5-4 青花椒短截

图5-5 青花椒回缩

4.抹芽或抹梢 抹芽（抹梢）是指将多余的嫩芽（嫩梢）从基部抹除（图5-6），能调节营养平衡，促进结果枝生长。

5.拉枝（压枝） 拉枝（压枝）是指将1年生枝条用人工办法拉（压）大枝与枝之间的角度和距离（图5-7），使青花椒无中心枝，增强其光合作用，延伸结果部位，增加产量，促进枝条老化。

图5-6 青花椒抹芽（抹梢）

图5-7 青花椒拉枝（压枝）

6.**摘心** 摘心是指新梢及结果枝停止生长时将其顶端一小段梢头摘除（图5-8）。摘心的方法与短截相似，但修剪时间和修剪部位有所不同。摘心可控制枝梢延长生长，使枝梢生长充实，提高坐果率。

图5-8 青花椒摘心

三、青花椒的整形修剪技术

1.青花椒幼树的整形修剪技术

（1）**第一年定干修剪（一年定干）** 九叶青花椒定植后第一年为定干，通常在5月中旬至6月上旬在树干高度距地面50～60厘米处剪截，定干后剪口下10～15厘米范围内有4～5个饱满芽（图5-9）。

（2）**第二年整形修剪（二年定枝）** 定干后在主枝长到30～40厘米时摘心以控制枝梢生长，在每个主枝上选定3～4个侧枝（二级主枝），等侧枝长到50厘米时轻度拉枝或在10月下旬压枝，12月摘心，控制枝梢生长，培养结果枝和结果枝组（图5-10）。

图5-9　青花椒幼树一年定干

图5-10　青花椒幼树二年定枝

（3）第三年整形修剪（三年定形）　6月中旬在二级主枝上的延长枝进行强枝短截（剪留基部长度15～20厘米），弱枝全部剪除，使主枝间均衡生长，对二级主枝上的新梢保留3～6个枝作为结果枝组（图5-11）。

2.青花椒初果期的整形修剪技术　九叶青花椒定植后3～5年的结果树生长旺盛，通常按照自然开心形树体结构，通过修剪保持主枝间的长势均匀，通过肥水管理形成主骨架，以骨干枝延长枝保留长度50～100厘米、分枝角度45°为宜，同时有计划地培养结果枝组（图5-12）。

图5-11　青花椒幼树三年定形

图5-12　青花椒初果期整形修剪

3. 青花椒盛果期的整形修剪技术 6年以后的盛产期树主要是维持健壮而稳定的树势，继续培养和调整各类结果枝组，修剪时以回缩短剪为主，疏剪与回缩相结合，疏弱留强，疏小留大，重点调整生长方向，形成强壮枝组，维持良好的树体结构（图5-13）。

4. 青花椒衰老树的整形修剪技术 及时而适度地对老弱枝回缩剪截，从促发的新枝中选留壮枝摘心，重新培养结果枝组，同时要加强肥水管理（图5-14）。

图5-13 青花椒盛果期整形修剪　　　　图5-14 青花椒衰老树整形修剪

第六章　青花椒病虫害的绿色防控技术

一、绿色防控的关键配套技术

1. **青花椒病虫害防治的原则**　坚持"预防为主，综合防治"的原则，加强对青花椒主要病虫害的预测预报，在病虫害发生前和发生期综合采用太阳能杀虫灯、捕食螨、粘虫黄板、喷矿物农药等进行防治。

2. **关键配套技术措施**

（1）**植物检疫**　按照国务院发布的《植物检疫条例》、国家林业和草原局发布的《植物检疫条例实施细则（林业部分）》加强植物检疫执法（图6-1）。禁止从疫区采购青花椒苗木、接穗和带病种子。

植物检疫条例

图6-1　植物检疫条例

（2）**农业生态调控**

①品种选择。选择适合本地栽培的江津九叶青花椒（图6-2）、荣昌无刺花椒、金阳青花椒、广安青花椒、眉山无刺藤椒、汉源葡萄青花椒、蓬溪青花椒等丰产抗病虫青花椒良种。可通过无性繁殖或嫁接等方法培养抗病品种。

图6-2　江津九叶青花椒

②园地选择。青花椒园地应选在山坡下部的阳坡或半阳坡，尽量选坡势平缓、坡面大、背风向阳的开阔地，在坡顶或地势低洼易涝处不宜种植青花椒。花椒对土壤的适应性较强，适合深厚疏松、排水良好的沙质壤土和石灰质丘陵山地（图6-3）。

图6-3　青花椒基地

③深耕整地。平地整地可采用块状、带状和全面整地。带状整地宽1.0～2.5米，深50～60厘米。全面整地和块状整地定植穴要求50～60厘米。山地丘陵为了防止水土流失采用等高带状整地，带宽1.0～2.5米。每个定植穴施腐熟土杂肥基肥50～100千克加磷肥或复合肥0.5千克，化肥应与土杂肥及穴内土壤充分混合均匀（图6-4）。整地的时间在上一年或提前一个季节进行。

图6-4 青花椒全面整地

④适当密度。立地条件差，土层较薄，青花椒栽植密度2米×4米或2米×3米（图6-5）。立地条件好，土层深厚，青花椒栽植密度2米×4米或3米×4米。较窄的梯面栽1行；梯面大于4米时栽2行，株距为2～3米，行距视地宽窄而定，行向顺着等高方向。

⑤栽植方法。青花椒春季和秋季均可栽植。春栽于开春后至苗木萌芽前（3月上

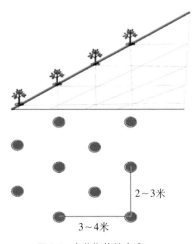

图6-5 青花椒栽植密度

中旬）进行，秋栽于落叶后（9～10月）进行。一般选用苗高70厘米以上、地径1厘米以上，根系发达，顶芽饱满，无病虫害和机械损伤的青花椒优质壮苗栽植（图6-6）。栽植深度比苗木原土痕深2～3厘米。也可栽小苗或钵苗。栽后浇定根水，水渗完后覆土，再盖80～100厘米见方的黑色地膜。

图6-6 青花椒栽植

图6-7 青花椒园间种的白三叶草

⑥生物多样性。在青花椒园或附近种植对害虫天敌吸引力强的三叶草等植物（图6-7），引诱益虫到椒园栖息、产卵、繁殖，控制害虫。还可以种植迷迭香、香茅草等香氛植物，有利于驱离白粉虱、蚜虫、茶翅蝽等害虫。在青花椒园周边还可保留一定数量的杂草、蜜源植物，促进青花椒园的生物多样性，保持生态平衡。

（3）物理防控

①黄板诱杀。4月开始，沿青花椒树行每株结果树挂1块25厘米×40厘米的黄色粘虫板，引诱和粘杀花椒有翅蚜、凤蝶成虫等，同时减轻病毒病的发生（图6-8）。黄板上害虫达到一定数量或黏性不足时应更换，以确保粘虫效果。

图6-8　青花椒园黄板诱杀害虫

②杀虫灯诱杀。3～10月，青花椒园内每30～40亩安装一盏太阳能杀虫灯，挂灯高于树冠0.5米，自动诱杀趋光的蛾、蝶、粉虱和金龟子等害虫（图6-9）。

③银灰膜驱避蚜虫。蚜虫对银灰色有负趋性，在青花椒生长季节，在青花椒园内每亩张挂用银灰色地膜剪成的长40～50厘米、宽10厘米的银灰色塑料条80～90条，插银灰色支架或铺银灰色地膜等，对蚜虫迁飞传染病毒有较好的防治效果。

图6-9　青花椒园杀虫灯诱杀害虫

④人工捕杀。秋末冬初清除青花椒凤蝶越冬蛹，5～10月间人工摘除幼虫和蛹，集中烧毁。吉丁虫危害轻时，及时刮除新鲜胶疤、击打胶疤，消灭其幼虫。在天牛成虫交尾期，选择晴天的早晨或下午对其进行捕杀（图6-10）。

图6-10　花椒虎天牛

⑤粘虫带捕杀。早春季节，在青花椒树干的基部缠绕一圈粘虫带或诱虫带（图6-11），粘杀红蜘蛛、蛞蝓、蜗牛等有上下树习性的害虫。

图6-11　粘虫带捕杀

（4）生物控制

①性诱剂防控。在3～5月、9～11月地老虎等成虫发生期，每亩青花椒设置1个性诱剂诱捕器，设置高度离青花椒树植株顶端20厘米左右（图6-12）。

图6-12　性诱剂诱捕器

② 毒饵诱杀。对于青花椒苗圃的蝼蛄、蟋蟀和地老虎（图6-13）。将麦麸、豆饼粉碎做成饵料炒香，每5千克饵料加入90％晶体敌百虫30倍液0.15千克，加适量水拌匀，每亩顺垄撒施毒饵1.5～2.5千克。

图6-13 地老虎

③ 人工繁殖释放丽蚜小蜂。当花椒树的白粉虱在0.1～0.5头/叶时，释放丽蚜小蜂3～5头/株（图6-14），每隔10天左右放一次，共放3～4次。

图6-14 丽蚜小蜂

④ 生物药剂。对地下害虫，播种时可选用绿僵菌或白僵菌、苏云金杆菌等生物制剂灌根处理。选用天然除虫菊素、BT乳油、苦参碱、茴蒿素、印楝素、白僵菌、甲维盐、核型多角体病毒等防治鳞翅目幼虫，用天然除虫菊素、阿维菌素等防治蚜虫，用阿维菌素及矿物源农药石蜡油等防治螨类，用宁南霉素、农抗120、新植霉素、氯霉素、水合霉素、农用链霉素、大蒜素、井冈霉素等防治病害。

⑤ 保护利用步甲、瓢虫、草蛉、螳螂以及各种寄生蜂、寄生蝇等自然天敌。在3月气温回升以后，利用捕食螨捕食红蜘蛛、跗线螨等螨类害虫，进行生物防治，一般每株投产树挂一袋抗药性捕食螨（图6-15）。采用生草栽培，严禁使用除草剂除草。

⑥ 椒鸡（鸭、鹅）共生。青花椒园养鸡（鸭、鹅）既可除草，还可施肥，有效防治蜗牛、蛞蝓等有害生物（图6-16）。协调生态，达到种椒、养殖生态效应的良性循环，促进绿色、有机花椒发展。

（5）**精准化学防治** 在做好病虫害测报的基础上，适时选用高效低毒低残留农药进行防治。

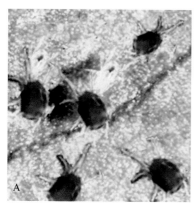

图6-15　释放自然天敌
A.巴氏钝绥螨捕食红蜘蛛　B.专吃蚜虫

图6-16　椒鹅共生

　　①喷矿物农药。花椒萌芽前，全树喷2～3波美度的石硫合剂，或喷1∶1∶100倍式波尔多液，以杀灭越冬虫卵和病菌。

　　②高效低毒低残留农药。针对蚜虫、凤蝶、红蜘蛛、吉丁虫、炭疽病、烟煤病、叶斑病、脚腐病、枝枯病、锈病等主要病虫危害，选用甲基硫菌灵、戊唑醇、稻腾（6.7%氟虫双酰胺和3.3%阿维菌素）、康宽（氯虫苯甲酰胺悬浮剂）、艾美乐（70%吡虫啉）、螨危（螺螨酯）、阿立卡（9.4%高效氯氰菊酯、12.6%噻虫嗪）、好力克（戊唑醇）、噻唑锌、亩旺特（螺虫乙酯）、富力库（戊唑

醇）等高效低毒低残留农药进行防治（表6-1）。药剂可根据当期的病虫害单用或复配施用。

表6-1 青花椒常用高效低毒低残留农药推荐表

农药名称	防治对象	使用方法
螨危	红蜘蛛、跗线螨	3～5月初、9～10月初，24%悬浮剂5 000～6 000倍液喷雾叶片正反两面及果实表面
阿立卡	蚧壳虫、蚜虫	40%乳油3 000～5 000倍液喷雾防治
甲基硫菌灵	锈病、煤污病、炭疽病	50%可湿性粉剂400～600倍液喷雾防治
戊唑醇	锈病、白粉病、根腐病	43%悬浮剂3 000～5 000倍液喷雾防治
稻腾	食心虫、凤蝶	10%悬浮剂700～1 000倍液喷雾防治
康宽	食心虫、凤蝶	20%悬浮剂2 000～3 000倍液喷雾防治
艾美乐	蚜虫、烟煤病	70%水分散粒剂10 000～20 000倍液喷雾防治
好力克	锈病	43%悬浮剂4 000～5 000倍液喷雾防治
噻唑锌	锈病、黑斑病、炭疽病	40%悬浮剂500～800倍液喷雾防治
亩旺特	蚧壳虫	22.4%悬浮剂4 000～5 000倍液喷雾防治
富力库	锈病、炭疽病	25%水乳剂1 000～1 500倍液喷雾防治

③树干涂白。花椒落叶后，进行树干涂白（图6-17），既增强树干抗寒力又杀灭天牛和隐藏在树皮内的越冬虫卵和病菌。先刮去树干翘皮，再均匀抹刷涂白剂。可自制石灰涂白剂，配方可选用：生石灰10份、硫黄1份、食盐0.2份，加清水30～40份，或生石灰15份、硫黄粉1份、生盐1份、豆粉3份、水36份，或生石灰10份、硫黄1份、水40份。食盐可增加黏稠附着力，提高杀灭效果。

图6-17 花椒树干涂白

二、主要病虫害的绿色防控

1.花椒主要病害及防治

(1)花椒锈病

①发生危害特点。花椒锈病又称花椒粉锈病、花椒鞘锈病，俗称黄疸病，由花椒鞘锈菌侵染所致，主要危害叶片（图6-18）。该病始发于4月中旬至6月上旬，7～10月为发病盛期，高温高湿易流行，从树冠下部叶片发生，并由下向上蔓延，受害叶片呈现黄色或锈红色的圆点病斑，重者造成病叶全部落光，从而再次萌发新叶，造成徒长，影响当年椒树营养的积累，同时也因再次生叶使养分过度消耗，翌年结果少或不结果，减产幅度达40%。有的年份发生危害严重，还影响品质和寿命。

图6-18　花椒锈病叶片背面正面症状及严重危害造成叶片落光发新梢

②防治方法。

A.清理田间排水沟（边沟、壁沟、十字沟），防止土壤积水，降低田间湿度；合理密植，行株距3米×2米或3米×2.5米，每亩不超出111株，降低空气湿度；枝条不宜留太多太密，每株保留

30～60枝，最多60～70枝，提高通风透光能力。

B.在花椒修剪后，及时选用70%安泰生（丙森锌）、43%戊唑醇、12.5%氟环唑、25%丙环唑等，喷雾一次。

C.在嫩梢5～10厘米处，选用必治（啶虫·阿立卡）、安泰生、先正达秀特（丙环唑）、好力克等喷施，每20天一次，连续2～3次。

（2）花椒煤烟病

①发生危害特点。煤烟病又叫煤污病、黑霉病、烟煤病，多伴随蚜虫、粉虱、蚧壳虫等害虫而发生，形成暗色的霉斑，覆盖叶片、果实、枝梢的表面，严重时全部覆盖，似烟熏状，影响光合作用，造成树体早期落叶、落果和枯梢（图6-19）。蚜虫、粉虱、蚧壳虫发生严重的花椒园，煤烟病发生也重，种植过密、通风不良或管理粗放易于发病，春秋季节多发。

图6-19　煤烟病危害叶片症状

②防治方法。

A.保持花椒园内通风透光，降低湿度，减轻发病。

B.及时防治蚜虫、蚧壳虫，消除病菌营养来源，抑制病害发展。蚜虫、蚧壳虫严重时及时剪除被害枝条集中处理。

C.发病初期，选用70%安泰生25～30克＋70%艾美乐3克兑水15千克液喷雾，连续喷雾2～3次。也可选用2.5%敌杀死（溴氰菊酯）乳油，20%灭扫利（甲氰菊酯）乳油，70%艾美乐水分散剂。

（3）花椒炭疽病

①发生危害特点。又叫黑果病，主要危害花椒果实，其次是叶片、嫩梢（图6-20）。初期果实表面有数个褐色小点，呈不规则状分布，后期病斑变成褐色或黑色，圆形或近圆形，中央下陷，商品性降低。在叶片上形成不规则的圆形，黄褐色。花椒炭疽病发生于4～8月，它是随风或昆虫传播，在阴雨低温年份的气候发病最为严重，造成落叶、落果和枯梢，一般减产10%～20%，严重时减产达40%以上。

图6-20 花椒炭疽病叶片、果、枝梢受害症状

②防治方法。

A.加强栽培管理。加强肥水管理，增强树体抵抗力。适量修剪，保持园内通风透光良好，降低发病率。

B.在嫩梢嫩叶发病前保护。选用安泰生、好力克、拿敌稳（肟菌·戊唑醇）等喷施，15～20天一次，连续2～3次。

C.在发病初期选用1∶1∶100倍式波尔多液或40%咪鲜·丙森锌800倍液或者36%戊唑·丙森锌800倍液或者32%苯甲·溴菌腈800倍液等。发病盛期，可喷25%吡唑·醚菌酯1 000倍液或者43%咪鲜胺1 500倍液加80%代森锰锌800倍液或者3%多抗霉素400倍液。

D.冬季清园，清除病枝病叶，刮除树干上的病斑烧毁，并喷3波美度的石硫合剂。

（4）花椒叶斑病

①发生危害特点。主要危害叶片、叶柄和果实，有时也侵染当年嫩枝。被害叶片表面出现点状失绿斑点，以后病斑逐渐扩大，

颜色也由灰白色变为褐色或黑褐色，后期病斑上出现黑点状的病菌分生孢小堆（图6-21）。叶斑病6月发生，7～9月是盛发期。借风雨传播到新叶上发病，引起花椒提前落叶导致减产。

②防治方法。在发生初期，选用43％富力库6毫升，或75％拿敌稳5克，兑水15千克喷雾防治，连续喷雾2～3次。

图6-21　花椒叶斑病

（5）花椒脚腐病

①发生危害特点。又称根腐病，花椒根部变色腐烂、有酒腥臭味，根皮易脱落，木质部变为黑色，地上部分叶变小、变黄，枝条发育不全，果实变小，发病严重时全株死亡（图6-22）。潮湿时病部常有胶质流出，干燥时病组织开裂变硬、有数条裂口，最常发生在苗圃和成年椒园中。花椒脚腐病是由腐皮镰孢菌引起的一种土传病害，受害植株根部变色腐烂，嗅觉特征是有臭味，根皮与木质树干部位脱离，树干木质部呈黑色。地上部分叶形小而

图6-22　花椒脚腐病

且色黄，枝条发育不全，更严重的情况就是全株死亡。

②防治方法。深沟高厢，注意排水。

发病初期将病斑刮净至木质部，选用20％噻唑锌或菌毒清（氯溴异氰尿酸）40毫升，或20％噻唑锌40毫升＋70％甲基硫菌

灵25克，或30%根腐宁（枯草芽孢杆菌）25g兑水10～15千克涂抹或灌根防治。

剪除病根，同时在伤口处用石流合剂0.2～0.3波美度或1:50石灰水灌根杀菌，挖除病死根、死树，及时烧毁、消除浸染来源。

（6）花椒枯梢病

①发生危害特点。又叫梢枯病、枝梢枯死病，主要危害当年小枝嫩梢，造成枝梢枯死。发病初期病斑不明显，嫩梢呈失水萎蔫状，最后嫩梢枯死、直立，小枝上产生灰褐色、长条形病斑，7～8月幼梢抽发为高发期，雨水较多年份发病重，树势弱、排水不良、偏施氮肥等易于发病（图6-23）。

图6-23　花椒枯梢病

②防治方法。

A.加强管理、增强树势是关键。增施有机肥，及时灌水、排水，合理修剪。发现枯梢、死梢及时剪除，集中烧毁。

B.发病初期可用70%甲基硫菌灵800～1 000倍液、50%代森锰锌600～700倍液、70%硫菌灵100倍液，发病盛期再喷1～2次，防治效果良好。对发病较重的椒园，在早春向树体喷1：1：100倍式波尔多液进行防治。

（7）花椒干腐病

①发生危害特点。花椒干腐病是伴随吉丁虫危害而发生的

一种枝干病害，俗称流胶病（黑胫病）。主要发生在树干或干基部，迅速造成树干基部树皮坏死腐烂，导致叶子变黄，如果病斑环绕树干一周，影响营养运输，则很快使整个枝条或树体干枯死亡（图6-24）。发病初期树皮呈湿腐状褐色红斑略有凹陷，还伴有黄褐色流胶出现，严重时变成长椭圆形黑色病斑。剥开烂皮内部布满白色菌丝，后期病斑干缩、开裂，同时出现很多橘红色小点。7～8月是发病高峰，一般雨水多及病虫害防治差的发病较重。

图6-24 花椒流胶病

②防治方法。

A.加强栽培管理。改变花椒园传统粗放的经营方式，加强肥水管理，及时修剪、清除带病枝条，集中销毁处理。

B.对发病较轻的病斑进行刮除，在伤口处涂抹58%甲霜灵·锰锌可湿性粉剂200倍液，或腐必清（松焦油原液）80倍液，或维生素B6软膏，或20%噻唑锌50倍液＋50%硫菌灵500倍液。在每年3～4月间和采收花椒果实后，用甲基硫菌灵，喷施树干2～3次。

（8）花椒黄化病

①发生危害特点。花椒黄化病又叫黄叶病、缺铁失绿病，是花椒生长过程中的一种生理病害。主要是偏碱性土壤中缺少可吸收性铁离子所造成的。发病严重时全叶黄白色，边缘变褐色而焦枯，尤以幼苗和幼树受害重，抽梢季节发病最重（图6-25）。

②防治方法。

A.选择栽培抗病品种或选用抗病砧木嫁接，避免黄化病发生。

B.改良土壤，间作豆科绿肥。压绿肥和增施有机物，可改良土壤理化性状和通气状况，增强根系微生物活力。

图6-25　花椒黄化病

C.结合有机肥料，增施硫酸亚铁，每株施硫酸亚铁0.5～1.0千克，或施螯合铁等，有明显治疗效果。

D.在花椒发芽前喷施0.3%硫酸亚铁、生长季节喷洒0.1%～0.2%硫酸亚铁溶液，或用强力注射器将0.1%硫酸亚铁溶液注射到枝干中，防治黄叶病效果较好。

（9）花椒黄花现象

①发生危害特点。该病造成青花椒雌蕊退化，开黄花，产量降低，甚至绝收、死树（图6-26）。具有传染性，在田间呈现突然暴发的趋势，发生原因尚不清楚，目前缺乏有效的防治手段，被称为花椒的"癌症"，严重威胁花椒产业的可持续发展。

图6-26　花椒黄花现象

②防治方法。及时挖除黄花现象发生严重的树，并撒石灰对发病树周边进行消毒；发生较轻的树，及时修剪大枝，减少黄花现象的传播。新生芽长到3～4厘米时用百泰（唑醚·代森联）＋斗毒（辛菌·吗啉胍）＋可立施（氟啶虫胺腈）全株喷雾。

（10）花椒斑点落叶病

①发生危害特点。斑点落叶病属细菌性病害，主要危害叶片，引起叶片脱落，导致营养积累不足，影响花芽分化，造成翌年减产。一般发生于6月，7～9月盛发，借风传播到新叶上发病，引起提前落叶而减产。发病初期病斑较小，在叶片上产生近圆形具有轮纹状的褐色病斑，病健交界处有黄褐色晕圈，后期病斑逐渐扩大连成不规则形的大斑块，发病严重时可造成叶片脱落，最终营养积累不足，花芽分化差（图6-27）。青花椒斑点落叶病一般在秋季发生，枝条底部老叶先发生，病叶带菌越冬；低温高湿为该病的诱因，长期的高湿可导致该病的流行，同时种植密度过高也会增加发病率。该病潜伏时间长、防治困难、呈暴发性、发生频率较低，发病症状显现后7天内能扩散到整个园子。

图6-27 花椒斑点落叶病叶片受害及落叶状

②防治方法。

A.加强椒园管理，及时补充营养，增强树势，提高青花椒的抗病性；及时清理带有病菌的落叶，集中烧毁，防止再侵染发生，增加椒园通风透光性。

B.发病前期使用铜制剂（如正生）或抗生素类药剂防治。

C.在发病初期选用43%好力克6毫升或75%拿敌稳5克或80%新万生（代森锰锌）25克兑水15千克喷雾，连喷2～3次。

2.花椒主要害虫及防治

（1）天牛类害虫

①发生危害特点。俗称钻木虫，主要有虎天牛、星天牛、橘褐天牛、红颈天牛等。成虫咬食花椒枝叶、产卵繁殖。幼虫钻蛀枝干，潜居在韧皮部、木质部蛀食，给防治工作带来一定的困难。花椒树受害后其输导组织被破坏，水分、养分输送受阻，造成树势衰弱、树体枯萎、产量下降，严重时树体死亡。

②防治方法。

A.钩杀幼虫。用一细铁丝伸入蛀孔钩杀幼虫，或掏出虫粪便后，选用2.5%敌杀死（溴氰菊酯）、强力毙天牛乳剂或80%敌敌畏10～20倍液，用大的注射器向蛀孔中注射，或将棉球蘸药塞入蛀孔内，用黄泥密封洞口，使花椒天牛窒息而死。

B.捕杀成虫。花椒天牛成虫大多在5～7月发生，在枝梢或枝干上产卵，当卵产在枝条表面、树皮下或裂缝中时，可进行人工捕捉成虫，以减少成虫的着卵量。也可结合防治其他害虫，选用阿立卡1 000～1 200倍液，或2.5%敌杀死1 500倍液进行喷干、喷冠，以毒杀初羽化的成虫。

C.保护和利用天敌。天牛的天敌有肿腿蜂、啄木鸟等。对天牛危害严重的椒园，可在6～8月，室内人工繁育肿腿蜂，定点在树干基部放蜂，每株树释放30～50头蜂。

（2）花椒红蜘蛛

①发生危害特点。花椒红蜘蛛主要在春、秋季发生，一年有3～4次高峰期，以吸食叶片汁液，老叶正面发白，叶质变脆，严重时造成老叶脱落，减产达30%左右（图6-28）。在干旱、高温的年份发生危害严重。

②防治方法。在红蜘蛛发生初期（叶虫量3～5头时）应及时防治，使用低毒持效期长的农药效果最好，可选用24%螨危4～5毫升，或24%亩旺特4～5毫升兑水15千克喷施树冠，每年在

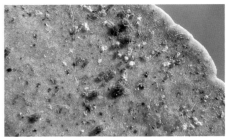

图6-28　花椒红蜘蛛危害状及成虫体（放大）

3 ～ 7月和9 ～ 10月各防治一次即可。

若虫口基数大（叶虫量在10头以上）时选用24%螨危5毫升＋克乐满（43%联苯肼酯）5毫升兑水15千克喷施树冠，药效持效期长达45天。

（3）跗线螨

①发生危害特点。又名绿叶螨，个体小，初为乳白色，渐转淡黄、黄绿色、半透明，用肉眼很难看到虫体。群集于叶背、嫩茎、果实，吸食汁液，4 ～ 5月和7 ～ 11月是发生高峰期，椒叶受害后叶背部呈黄褐色斑点，并向叶背弯曲，芽叶萎缩直至枯死，花椒果实受害后变为褐色（图6-29）。

②防治方法。

跗线螨在发生初期，可结合防治红蜘蛛同时进行，可选用唑螨酯（96%对甲苯甲酸叔丁酯）15毫升，或24%螨危4毫升兑水15千克喷施树冠的叶片背部，跗线螨发生严重时，使用24%螨危4毫升＋唑螨酯（96%对甲苯甲酸叔丁酯）8毫升兑水15千克喷雾叶背面防治2 ～ 3次。

（4）花椒蚧壳虫

①发生危害特点。花椒蚧壳虫是危害花椒的蚧类统称，有桑拟轮蚧、吹绵蚧、矢尖蚧等。以若虫、成虫在花椒的叶片、芽及枝条组织中吸取汁液，造成叶片发黄、枝梢枯萎，引起落花落果、落叶（图6-30）。也因其排泄物引起煤污病的发生。若虫一般发生三代，分别在每年的4 ～ 5月、6 ～ 7月和8 ～ 9月发生。

图6-29　趾线螨幼树和叶片受害状

图6-30　花椒蚧壳虫果实和枝干受害情况

②防治方法。由于蚧类的成虫体表覆盖蜡质或蚧壳，药剂难以渗入，防治重点在若虫期。选用24%亩旺特5毫升，或70%艾美乐5克＋阿立卡20毫升兑水15千克喷雾防治蚧类害虫。24%亩旺特的持效期长达45天，药剂在植物中能上下传导，并有效防治花椒蚜虫和红蜘蛛虫害，喷雾1～2次。

（5）花椒蚜虫

①发生危害特点。花椒蚜虫以成蚜和若蚜危害，群集在嫩叶和嫩枝上吸取汁液，造成叶片向背面卷曲或蜷缩成团，严重影响生长（图6-31）。3～6月、8～10月是发生高峰期，5～10天繁殖一代，传播病害和诱发煤污病。

图6-31　花椒蚜虫嫩叶嫩枝受害情况

②防治方法。在蚜虫发生初期可选用10%吡虫啉1 500倍液、3%啶虫脒乳油1 000倍液，或70%艾美乐5 000倍液等防治。70%艾美乐的药效持效期可长达15～25天，采收前1个月内严禁喷药。

（6）花椒食心虫

①发生危害特点。花椒的开花期是食心虫成虫的活力盛期，成虫产卵在花序中，初孵幼虫潜居在嫩籽内危害，即食心虫发生于3月下旬至4月上旬，危害花椒幼果心造成花椒落果，严重者减产可达30%～50%（图6-32）。

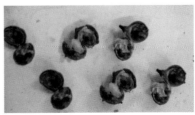

图6-32　花椒食心虫

②防治方法。在3月下旬可选用20%康宽（氯虫苯甲酰胺）5毫升，或10%稻腾15毫升兑水15千克喷施树冠防治，只需喷雾一次就能有效防治花椒的食心虫危害。也可选用阿立卡15毫升，或5%高效氯氟氰菊酯20毫升兑水15千克防治1～2次。

（7）花椒钻心虫

①发生危害特点。6～7月发生，主要危害花椒幼芽顶芽，嫩梢枯死（图6-33）。

图6-33　花椒钻心虫

②防治方法。喷药防治必须抓住成虫盛发期和幼虫孵化期进行。可选用21%灭杀毙（增效氰马）乳油2 000倍，或1.8%爱福丁（阿维菌素）乳油2 500～3 000倍液，或BT可湿性粉剂800倍液，或10%菊马乳油1 000倍液，或10%多来宝（醚菊酯）悬浮剂2 000倍液，或2.5%功夫乳油（高效氯氟氰菊酯）3 000倍液，或5%来福灵（S-氰戊菊酯）乳油3 000倍液，或5.7%百树得（氟氯氰菊酯）乳油2 500倍液，或10%天王星（联苯菊酯）乳油3 000倍液，或20%氟苯虫酰胺悬浮剂1 000～2 000倍液，或2.5%敌杀死乳油3 000倍液。

（8）花椒凤蝶

①发生危害特点。危害花椒的凤蝶有10余种，花椒凤蝶属完全变态，一生要经幼虫、成虫、蛹、卵四个阶段；凤蝶一年发生3～4代，常发生于每年的5～9月；以蛹在枝条越冬，卵产于嫩芽、叶背

上；幼虫夜间活动量强烈，咬食嫩芽、嫩叶，取食叶肉或将嫩叶咬成小孔，严重时可将整株叶片吃光，影响花椒生长发育（图6-34）。受惊动时，伸出臭腺，散出臭液，又称它为"臭狗""猪儿虫"。

图6-34 花椒凤蝶幼虫

②防治方法。凤蝶的幼虫和蛹幼虫个体较大，易发现，以人工捕杀为主。发生严重时，幼虫发生期可选用青虫菌100亿孢子/克1 000～2 000倍液，或苏云金杆菌100亿孢子/克1 000～2 000倍液，或阿立卡1 000倍液，或3%阿维菌素乳油3 000倍液等防治。

（9）花椒蜗牛

①发生危害特点。花椒蜗牛又称小螺丝，以成螺和幼螺在落叶下、杂草丛或浅土层里躲藏或越冬，春季取食幼芽和新梢，夏秋季取食幼嫩枝造成枝干皮层伤口，为其他病虫提供了侵入的途径，严重时啃食老树皮，造成花椒树死亡。花椒蜗牛喜阴暗潮湿，畏光怕热，雨后大量活动（图6-35）。

②防治方法。人工捕杀：发现蜗牛危害时立即捕杀，不分大小全部捉光。药剂防治：在蜗牛初发期选用80%四聚乙醛可湿性粉剂800倍液喷雾土面或每亩用5%四聚乙醛颗粒剂500～800克撒施在椒树周围防治，喷雾选在上午露水未干、日落到天黑前或雨后天晴且蜗牛头部外露时喷药效果更佳。在树干撒一圈新鲜草木灰也可防止蜗牛上树危害。

图6-35 危害花椒的蜗牛

(10) 花椒跳甲

① 发生危害特点。花椒跳甲主要有铜色花椒跳甲、红胫花椒跳甲、蓝橘潜跳甲和橘啮跳甲等，成虫个体小（图6-36），鞘翅分别为古铜色、蓝色或橘红色等，而且都具有金属光泽。成虫主要取食花椒的嫩叶或叶柄，一般先从叶缘取食，造成叶片缺刻，也有的是从叶片中间取食，使叶片形成孔洞。幼虫孵化后大多钻入叶内取食叶肉，仅留上下表皮，远远望去椒树一片枯焦，导致椒树二次发芽、耗尽营养，造

图6-36 花椒跳甲成虫

成减产甚至绝收。部分幼虫孵化后直接蛀入花梗或叶柄危害嫩髓，致使复叶、花序萎蔫下垂，继而变黑枯萎，遇风则跌落地面。还有部分幼虫钻蛀幼嫩椒果，使果实变空，提早脱落。幼虫蛀孔处常有黄白色半透明的胶状物流出。幼虫可多次转移，老熟后跌落地面，潜入土内化蛹。成虫羽化后在花椒树冠下5～10厘米的土层内越冬。

②防治方法。

A.土壤用药。根据成虫在土内越冬的习性，在成虫出土盛期前，将树冠下的土壤刨松，按每亩用48%乐斯本乳油或50%辛硫磷乳油0.6千克，兑水30千克均匀喷洒在树体周围1～1.5米范围内的地面上，然后纵横交叉耙两遍，使药剂均匀混入土内，可有效阻止越冬成虫出土。

B.树上喷药。在越冬成虫出蛰盛期，5月上旬，可喷施80%敌敌畏乳油2 000倍液，或90%晶体敌百虫1 000倍液，或4.5%高效氯氰菊酯2 000倍液，或阿立卡1 000倍液，以消灭成虫。

（11）花椒吉丁虫

①发生危害特点。又叫窄吉丁虫、小吉丁虫（图6-37），主要以幼虫潜伏于枝干树皮、形成层及木质部危害，树皮大量流胶、软化、腐烂、干枯、脱落，影响树体生长、造成树势衰弱，甚至死亡，是毁灭性害虫。成虫取食少量花椒叶补充营养，危害较轻，有假死性、喜热向光性。

图6-37 花椒吉丁虫

②防治方法。幼虫危害初期，树皮变黑，用刀在被害处顺树干纵划2～3刀，阻止树皮被虫环蛀，用敌百虫20倍液或80%敌敌畏20倍液涂刷被害部表皮，用旧报纸蘸药液包严被害树干，再用薄膜包严扎紧，杀灭幼虫效果好。

成虫羽化期用丙溴·辛硫磷30～50毫升＋优丰（0.1%三十烷醇微乳剂）10毫升1 000倍液喷施树干至流药液，防治效果较显著。

三、草害防除技术

青花椒在种植中易出现草害（图6-38），杂草和椒树之间互相争夺水分、养分和光照，影响青花椒的正常生长和产量。

图6-38 草害严重

椒园草害防除的方法主要有三种：中耕锄草、覆盖除草和药剂除草。中耕锄草要求次数多，费工且效果还不太理想，中耕太多会破坏土壤结构。药剂除草用的次数多了，对椒树生长还会有一定的影响。覆盖除草效果最好，行间种绿肥、树下秸秆覆盖是比较理想的管理制度，行间绿肥最好每年深翻一次，重新播种，树下则以2～3年深耕一次重新覆盖为好。

1. **中耕除草** 在花椒生长季节里，及时进行中耕除草疏松土壤，保墒抗旱，减少土壤水分蒸发，防止土壤板结和杂草滋生。定植当年进行1～2次中耕除草（图6-39）。之后每年春、夏、秋三季各进行一次中耕除草。春夏季浅锄，深度6～10厘米，过深伤根对树体生长不利，过浅起不到除草的作用。秋季中耕在青花椒采收落叶后适当加深。一般在杂草刚发芽的时候进行

图6-39 中耕除草

第一次锄草和松土。锄草松土的时间越早，之后的管理工作就越容易。第二次松土除草应在6月底以前，6月底以前是椒苗生长最旺盛的季节，同时也是杂草繁殖最快的时期。松土锄草时要注意不要损伤椒苗的根系。在杂草多、土壤容易板结的地方，在每次降雨或灌溉后，应松土一次。中耕除草时，要适当给根颈培土，这样既可以保持根系所需水分，又可防止根际积水。

2. 覆盖除草　除整修梯田、深翻改土、加厚土层、中耕除草以外，一些管理较好的椒园，采用地面覆盖的办法，避免阳光对椒园地面的直接照射，可以有效地减少地面蒸发，收到良好的抗旱保墒效果。

（1）秸秆覆盖　秸秆覆盖除草是应该大力提倡的好方法。一般可用稻草、玉米秆、绿肥、野草、花椒副产品等覆盖（图6-40）。覆盖的厚度为5厘米左右，覆盖的范围应大于树盘的范围，盛果期则需全园覆盖。覆盖后，隔一定距离压一些土，以免被风吹走，等到椒果采收后，结合秋耕将覆盖物翻入土壤中，然后重新覆盖或在农作物收获后，再把所有的庄稼秸秆打碎铺在地里，使其腐烂，以增加土壤有机质，改善土壤结构。腐烂前，秸秆铺地，还能防止杂草滋生。行间以种豆科、绿肥作物等为宜，适时刈割翻埋于土壤中或用于树盘覆盖。行间绿肥每年深翻一次较好，重新播种；树下则以2～3年深耕一次重新覆盖为好。

图6-40　就地取材，用青花椒条覆盖

（2）**防草布覆盖** 平地沿树行覆盖，宽1.5米；坡地对树盘进行局部覆盖，面积1～2米^2。防草布也称"园艺地布""除草布""地面编织膜"等，是由抗紫外线的HDPE（高密度聚乙烯）材料的窄扁条编制而成的一种布状材料，耐踩踏，不影响田间作业，露地可连续使用3～5年，可抑制杂草生长、提高水分利用、增加营养供给、减轻病虫危害，综合经济成本较低。

3. **药剂除草** 即用化学除草剂来除灭杂草（图6-41）。用药剂除草，工效高，效果好。如果椒树面积大，草荒严重，化学除草是行之有效的方法。但其不能增加土壤有机质含量，容易造成地面光秃，不能改善水分供应状况，应严格掌握使用条件，以免使用不当产生药害。

椒园一年除草2～3次，一般防除2次即可。防除时间选择在4～6月和9～10月，在杂草生长30厘米以下或4～5叶时是最佳防除期，选择对土壤和作物安全且防除杂草效果较好的除草剂。可选择的药剂：41%农达（草甘膦）70毫升兑水15千克、20%保试达（草铵膦）80毫升兑水15千克、50%包助（草甘膦）粉剂50克。

图6-41 椒园化学除草

第七章　青花椒的土肥水管理技术

一、青花椒的土壤管理

青花椒幼树应每年松土一次。

1.扩穴翻土　在幼树栽植后的前三年，自定植穴边缘开始，每年或隔年向外拓宽50～130厘米、深15～20厘米的松土带，利于幼树根系生长（图7-1）。

2.隔行或隔株翻土　先在同一个行间翻土另一行不翻，第二年或几年后再翻未翻过的一行，这种翻土方法每年只伤半边根系，有利于椒树的生长（图7-2）。

图7-1　青花椒扩穴翻土

图7-2　青花椒隔行翻土

83

3.**全园翻土** 树盘下的土壤不翻，或浅翻深度在10厘米左右，其他土壤进行全面翻土，其翻土深度在15～25厘米之间（图7-3）。

图7-3 青花椒全园翻土

4.**带状翻土** 主要用于宽行密植的椒园，即在行间自树冠外缘向外逐年进行带状翻土（图7-4）。

图7-4 青花椒带状翻土

5. **培土与压土** 青花椒主干和根茎部是进入休眠期最晚但结束休眠期最早的部位，抗寒能力差，所以在秋冬季为保护椒树根茎部安全越冬采取培土或压土的方式（图7-5）。培土所用土壤最好是有机质含量较高的草皮土，第二年春季把这些土壤均匀撒在椒园，可改良土壤结构、增厚土层，增强保肥蓄水能力。

6. **合理间作** 为充分利用椒园内土地空间，可在花椒树封行前，适量间作豆类、绿肥等低秆

图7-5 青花椒培（压）土

农作物（图7-6），既能改良土壤，又能促进椒树生长。尽量不间作需水量大的瓜菜、树苗等，也不间作藤蔓植物以及块根类植物。在间作时，要留出一定的营养面积。前两年留出1米见方的树盘，三年后，随树冠逐渐扩大而扩大。要留出1.5米以上营养带。总之，在树冠下的树盘内，不要种植任何作物，还要经常松土除草。

图7-6 青花椒间作花生

二、青花椒的施肥管理

在青花椒施肥中应注重"配方施肥、看树施肥、平衡施肥"的原则，降低生产成本，获取最大经济效益。

1.施肥方法

（1）**撒施法**　在花椒施肥季节，在降雨前后将养分含量40%～51%的复合肥撒施于青花椒树盘滴水处周围，再进行浅根土壤覆盖（图7-7）。

图7-7　青花椒撒施肥料法

（2）**环状施肥法**　以青花椒树干为中心，在树冠周围滴水处挖一环状沟，沟宽20～50厘米，沟深20厘米左右，少伤根系。挖好沟以后，将化肥与有机肥混匀施入，覆土填平（图7-8）。

（3）**条状施肥法**　在青花椒树行间开沟，施入肥料，也可结合青花椒园深翻进行（图7-9）。在宽行密植的青花椒园常采用此法。

图7-8　青花椒环状施肥法

图7-9　青花椒条状施肥法

　　（4）根外追肥（叶面施肥）　在不同的生长发育时期，及时补充养分，满足树体对营养的需求。根外追肥是将所选用的微肥按一定浓度的比例稀释后进行叶面喷施的一种方法（图7-10），叶片喷施后在15分钟至2小时就能吸收利用，24小时吸收量可达80%以上。花椒的根外追肥一般在3～5月和8～11月，可选用0.3%

图7-10 青花椒根外追肥

磷酸二氢钾溶液＋0.5%尿素溶液喷雾，间隔15天再选用沃生叶面肥10毫升＋70%安泰生丙森锌25克兑水15千克喷雾2～3次。夏季喷肥时间在上午10点前或下午5点后。

2. 施肥时期与施肥量 青花椒一般施肥4～5次/年，农家肥以猪粪水最好，关键是要把握好还阳肥（催芽肥）、月母肥（基肥、复壮肥）、促花壮芽肥、壮果肥4次施肥时间。

（1）**还阳肥** 一般在采果前10～15天因地制宜地施好催芽肥，以施用高氮低钾的复合肥为主，可以选择在降雨前后施用养分含量40%的撒可富复合肥，也可以施用养分含量为51%的"美丰比利夫"(17-17-17)复合肥＋有机肥［或养分含量为40%的"美丰比利夫"复合肥（28-6-6）＋有机肥］，以上肥料均可撒施在树盘滴水处，也可以兑清粪水灌施或穴施，然后进行土壤覆盖。施肥量占全年施肥量的50%左右。

（2）**月母肥** 一般在8～10月施月母肥，以施有机肥为主，也可选择在降雨前后施用养分含量为40%的撒可富复合肥，兑清粪水灌施或穴施，然后进行土壤覆盖，或施用养分含量为51%"美丰比利夫"复合肥＋有机肥＋腐熟油枯饼。施肥量占全年施肥量的20%左右。

（3）越冬肥 11～12月，看树施肥，树势较差的可施用养分含量为51%的"美丰比利夫"复合肥＋有机肥，施肥量占全年施肥量的10%左右。施好越冬肥能促进花芽分化，树势较好的可免施越冬肥。

（4）促花壮芽肥 1月中旬至2月上旬，选施低氮高钾的复合肥，如施用养分含量为46%的"美丰比利夫"复合肥（17-7-22）＋有机肥，施肥量占全年施肥量的10%左右。

（5）壮果肥（稳果肥） 4月上中旬施稳果肥，以磷、钾肥及微肥为主，也可施用高钾的撒可富复合肥，或含钾较高的养分含量为46%的"美丰比利夫"复合肥，施肥量约占全年施肥量的10%左右。

（6）根外追肥 根外追肥时间可选择花椒谢花后膨大期即3月下旬至5月上旬均可施用，花椒在经过新梢生长、花芽分化、果实形成三个重要物候期，表现出短时间内对养分需求量大而且集中的特点，通过根外追肥可补充椒树的需肥量（图7-11）。

图7-11 青花椒根外追肥

①新梢速生期。叶面喷施"天赐宝"25克或"易普朗"（98%磷酸二氢钾）25克兑水100千克，或直接用0.5%尿素溶液喷雾1～2次。

②花期前后。在花椒开花前或谢花后叶面喷施"速乐硼"10克＋"优聪素1号"25克，或"多聚硼"6～10克，兑水100千克喷施2～3次，能有效促进保花保果及其生长作用。

③果实速生期。叶面喷施"70%安泰生"25克＋"天赐宝"25克（或"美新丰"20克）兑水100千克喷雾1次，隔1周再喷"天赐宝"25克＋"优聪素1号"25克兑水15千克喷雾1～2次。

④果实膨大期。叶面喷施"优聪素1号"25克＋"美新丰"20克或"易普朗"（98%磷酸二氢钾）25克兑水100千克喷雾2～3次。

三、青花椒的水分管理

1. 灌水时期 青花椒一年中灌水的关键时期是萌芽、坐果、果实膨大、新梢生长4个时期。在气温较高、土壤比较干旱的夏季，需视情况及时补充灌水。

（1）**萌芽水** 为补充青花椒越冬期间的水分损耗，促进青花椒树的萌芽和开花，在干旱年份萌芽前必须灌水。

（2）**坐果水** 青花椒枝叶生长旺盛，幼果迅速膨大时，对水分最为敏感，要灌足膨大水，这对保证当年产量、品质和第二年的生长、结果具有重要作用（图7-12）。

（3）**新梢生长灌水** 在雨水较少的夏秋季，为了促进青花椒新梢的生长，也应在早、晚时间灌水，有利于营养物质的积累，促进花芽分化（图7-13）。

图7-12 青花椒坐果水

图7-13　青花椒新梢生长期灌水

2. 灌水方法

（1）**行灌法**　适用于地势平坦的青花椒幼龄园。在树行两侧，距树各50厘米左右修筑土埂，顺沟灌水（图7-14）。行较长时，可每隔一段距离找一横渠，分段灌水。

图7-14　青花椒行间灌水

（2）**分区灌溉法**　适用于根系庞大、需水量较多的成龄青花椒园。把青花椒园分成许多长方形小区，纵横做成土埂，或每棵树单独成为一个小区。小区与田间主灌水渠相通。

（3）**树盘灌水法**　以青花椒树干为中心，在树冠投影以内的地面，以土做埂围成圆盘，稀植青花椒园、丘陵区坡台地及干旱地多采用此法。

（4）**穴灌法**　在青花椒树冠投影的外缘挖穴，将水灌入穴中（图7-15）。穴的数量依树冠大小而定，一般每株青花椒挖直径30厘米左右穴深以不伤粗根为准的灌水穴5～8个，灌水后还土覆盖。

图7-15　青花椒穴灌水

（5）**环状沟灌法**　在青花椒树冠投影外缘修一条环状沟进行灌水，沟宽20～25厘米、深10～15厘米（图7-16）。适宜范围与树盘灌水相同，但更省水，尤其适用于树冠较大的成龄青花椒园。

图7-16　青花椒环状沟灌水

3.田间排水　青花椒园地排水是在地表积水的情况下解决土壤中水、气矛盾，防涝保树的重要措施。在雨季，特别是低洼易涝区要及时排水，多雨季节更应及时检查和疏通所有排水沟渠，加强青花椒园排水，防止根系缺氧而引起青花椒树的死亡（图7-17）。

图7-17　青花椒田间排水

四、青花椒的除草覆盖

每年4～6月和9～10月除草2～3次。4～6月中耕深度10厘米左右，在杂草生长4～5叶或30厘米以下锄草效果最佳，锄下的杂草可以覆盖树盘保墒并能抑制树盘内的杂草生长。9～10月是青花椒结果枝组的生长期，中耕后正值根系第三次生长高峰，伤口容易愈合，中耕深度20厘米左右，能刺激新根的生长，在晚秋季节可结合施月母肥进行中耕锄草。以豆科、绿肥为主的间作作物适时刈割覆盖树盘，晚秋用稻草、玉米秆或秋季锄下的杂草覆盖树盘，既可保墒，又能提高地温（图7-18）。冬季气温较低的地方，可以在树干周围1米范围内铺设地膜或树叶、木屑等提高地温，防止青花椒树冻害。

图7-18　青花椒树盘覆盖

第八章 青花椒的果枝调控及保花保果技术

一、青花椒的果枝调控

1.**果枝调控原因及作用** 青花椒萌蘖能力强、长势旺、枝梢易徒长，采用主枝修剪回缩技术采收后（图8-1），在主枝上重新抽发新梢，并培养成翌年的结果枝。7月中旬至8月上旬雨水充沛、光照充足，新梢进入生长旺期，部分椒树新梢旺长，枝条贪青晚熟，枝条木质化不好，从而影响花芽分化等生殖生长，进而造成青花椒品质和产量下降，因此，就需要辅助使用果枝调控技术来

图8-1 6月中旬青花椒主枝修剪回缩后新芽萌发

促进青花椒枝条的木质化，有效提高枝条的碳氮比，加快枝条老熟，为花芽分化提供最佳的条件，达到营养生长与生殖生长的平衡，以保证青花椒的产量和质量。

2.果枝调控的方法　　实现青花椒的果枝调控，能够促使其提早花芽分化，是提高产量的关键技术，目前有物理控制和化学控制技术。物理控制主要是拉枝（压枝）（图8-2）、摘心以及其他修剪技术等，能控制青花椒枝条的比例，避免徒长枝过多与主干枝争夺养分和水分，从而使青花椒的树势保持强健；化学控制主要是使用控梢（"收老"）药，控制新梢徒长（图8-3），促进枝梢木质化，提前进行花芽分化并实现更多结果，该技术尤为简便且运用较广（图8-4）。

图8-2　拉枝（压枝）后的青花椒　　　　　图8-3　未进行控梢的青花椒

图8-4　进行控梢的青花椒

3.化学调控时间及药剂选择 烯效唑和多效唑皆为目前使用较多的三唑类植物生长延缓剂，作用机理相同，都是抑制赤霉素的合成，具有控制营养生长、抑制细胞伸长、缩短节间、矮化植株、促进枝条木质老化、增加抗逆性的作用。但烯效唑活性是多效唑的6～10倍及以上，使用浓度也低于后者，在土壤中的残留量仅为其1/10，对土壤和环境都较安全，因此现多选用烯效唑作为青花椒控梢（"收老"）剂。

一般在青花椒新梢生长期，即新梢长至30～40厘米时开始喷药控梢，控梢时间一般在7～10月，控梢次数由结果枝的生长势决定，药剂一般选用5%烯效唑可湿性粉剂＋磷钾肥（花芽分化所需）。

（1）**第一次控梢** 即在7月底至8月上旬（新梢生长达到30～40厘米时），可采取5%烯效唑可湿性粉剂600～750倍液＋磷钾肥进行喷雾，同时还应根据实际补充中微量元素，添加杀菌剂及防治蚧壳虫、蚜虫的药剂。

（2）**第二次控梢** 即在8月下旬（新梢生长达到60～80厘米时），可采取5%烯效唑可湿性粉剂370～430倍液＋磷钾肥进行喷雾，同时还应根据实际补充中微量元素，喷施防治蚜虫、跗线螨、桑拟轮蚧、凤蝶、锈病和斑点落叶病等病虫害的农药。

（3）**第三次控梢** 即在9月中旬（新梢生长达到100～120厘米时），可采取5%烯效唑可湿性粉剂300～330倍液＋磷钾肥进行喷雾，同时还应结合田间情况添加杀菌剂，并对螨类、锈病、斑点落叶病、蚜虫等病虫害进行综合防治。

（4）**第四次控梢** 即在10月上旬（新梢生长至150厘米左右），宜在压（拉）枝后控梢。观察青花椒新梢尖部的"收老"情况，对于压（拉）枝后枝梢仍未老化的，再进行一次控梢喷雾，可采取5%烯效唑可湿性粉剂190～220倍液＋磷钾肥进行喷雾，同时还应根据实际喷施防治螨类、锈病、斑点落叶病等病虫害的农药。

以上控梢措施应根据当年气候变化、树势生长、病虫害发生情况，随时调整方案及剂量，并轮换用药，才可达到预期效果；

而喷施控梢（"收老"）药时间，可按日期确定，也可按枝条长度确定；每次喷施的部位也应有所区别，特别是最后一次，应当重点喷施上半部分，轻喷或不喷下半部分。

4. 控梢的理想效果 据调查，在控梢措施得当情况下，青花椒的控梢（收老）能够达到最佳效果，其具体数据为：结果枝50～80根，枝条长1.2～1.5米，结果节间距控制在3～5厘米（图8-5），枝条老熟率达80%以上（图8-6、图8-7）。

图8-5 控梢后的青花椒节间缩短

图8-6 控梢后的青花椒枝条

图8-7 控梢后的青花椒丰产状

二、青花椒的花芽分化

花芽分化是指叶芽在树体内有足够的养分积累和外界光照充足，温度适宜的条件下，向花芽转化的全过程，是由营养生长过渡到生殖生长的转折点。花芽分化是青花椒年生长周期中一个十分重要的生理过程，是开花结果的基础，花芽分化的数量和质量直接影响着第二年花椒的产量。

1. 花芽分化过程 花芽分化一般分为生理分化期和形态分化期两个阶段。芽内生长点在生理状态上向花芽转化的过程，称为生理分化，一般从5月上旬开始进行生理分化。它是营养物质、激素、遗传物质等在生长点细胞群中积累、共同协调作用从量变到质变的过程，这为形态分化奠定了物质基础。花芽生理分化完成的状态，称作花发端。此后，便开始花芽发育的形态变化过程，称为形态分化，花芽从5月中旬至7月上旬转入形态分化，根据其形态结构的变化分为未分化期、分化始期、花序分化期、花蕾分化期、萼片分化期和雌蕊分化期6个过程（图8-8）。

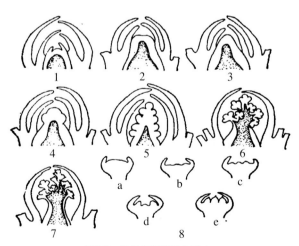

图8-8 青花椒花芽分化形态
1.未分化期 2.分化始期 3.花序分化前期 4.花序分化中期
5.花序分化后期 6.花蕾分化期 7.萼片分化期 8.雌蕊分化期

2. 影响花芽分化的因素

(1) 环境因素

①温度。青花椒是喜温不耐寒的树种，春季日均温在6℃以上时芽开始萌动，10℃左右萌芽抽梢，花期适宜的平均气温为16～18℃，果实发育的适宜温度为20～25℃。

②光照。青花椒属于喜光树种，要求年日照时数不少于1 200小时。光照充足有利于光合作用，增加有机营养积累，健壮树体，从而促进花芽分化。

③水分。青花椒抗旱性较强，冬季应适当控制水分的供应，降低土壤含水量，以土壤含水率20%～25%为宜，促进花芽分化，过湿不利于花芽分化。

④土壤。青花椒属浅根性树种，根系主要分布在40厘米的土层中，土壤是青花椒水分和养分的供给场所。

(2) 矿质营养元素

矿质营养元素是影响青花椒开花的重要因子。青花椒在萌芽、抽梢、开花、结果等整个生长发育过程中，都要不断地从土壤中吸收大量的营养物质（图8-9）。树体中有效磷含量高能够促进生根和花芽形成；锌能促进开花激素形成；适

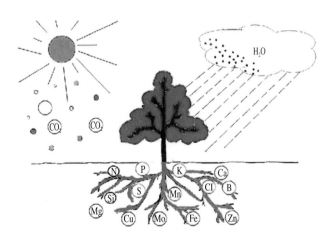

图8-9 青花椒生长发育过程中所需营养元素

当的氮肥促进枝叶生长，叶片浓绿，增加树体营养，提高叶片光合效能，促进花芽形成；硼能促进花粉管的伸长和萌发，有利于生殖器官的建成，促进开花结果；钾元素水平影响着激素平衡，树体缺钾有一定的抑花作用，适当的钾素供应可以增强花椒抗旱、抗寒、耐高温和抗病的能力。

（3）**碳代谢** 花芽分化的好坏取决于芽及枝条有机营养积累。有机营养积累充足时，有利于促花；相反，氮含量占优势则出芽。

3.花芽分化的调控途径

花芽分化受很多外界条件和内在因素的影响，其中外界光照条件和树体营养物质积累水平是影响花芽分化的主要因素。光照条件则取决于当地光照强度、光照时间及树冠通风透光状况；树体内营养物质的积累则取决于肥水管理和叶片的光合功能、光合产物的分配利用等几个方面。因此，选择光照条件好的园地，保持树冠通风透光，合理施肥、增强叶片光合功能，科学修剪、减少树体营养物质不必要的消耗，是促进花芽分化的主要途径。

在12月中旬至翌年2月中上旬，青花椒处于花芽形态分化期，该季节气温一般较低，青花椒处于休眠期，导致部分花芽不能正常分化。另外由于病虫害原因，导致有些青花椒枝条落叶严重，从而使枝条不同部位抽发的花芽差异大。有叶片的花苞饱满、强壮，不易掉果；无叶片的花苞弱小、干瘪，容易掉果。为使有足够数量和质量较好的花芽形成，我们可根据花椒花芽形态分化和花椒落叶状况，采用喷施花芽调节剂（醒苞药）的技术措施，来调节花芽分化和生长（图8-10）。其关键技术是：可从12月中旬开始连续喷雾2次调节药剂，间隔20～30天喷雾一次；

图8-10 连续喷雾2次醒苞药的青花椒

喷药时注重枝条下部，喷雾均匀，全面周到；在专业花椒技术人员的指导下进行，避免使用不正确的调节方案导致严重的减产后果。

三、青花椒的保花保果技术

1. 青花椒落花落果原因及危害 青花椒在重庆市一般在2月下旬至3月初萌芽，3月中旬显蕾，3月下旬至4月初花盛开，4月上中旬谢花。影响开花坐果的因素除树体贮藏养分的多少外，外界因素主要是低温和病虫害，都会引起落花落果，从而造成青花椒产量偏低，因此通过实行保花保果措施提高坐果率是获得青花椒丰产的关键。

2. 保花保果技术 3～4月是青花椒保花保果的重要季节，也是青花椒保住产量的关键节点，包含生长调节、控制春梢生长、施肥管理及病虫害防治等环节。

（1）**花期保花** 青花椒保花保果是先从保花开始的，一般在青花椒开花前7天即3月中下旬进行保花，采取营养元素补充、生长调节和病虫害防治的综合保花措施。

除根部追施春季萌芽肥外，可根据具体情况配合叶面喷施花椒专用磷钾肥、硼肥和其他中微量元素（适量锌）肥料，补充花椒开花所需的营养元素；生长调节选取花椒用的植物生长促进剂进行保花（图8-11）；同时做好防治蚜虫、红蜘蛛、锈病、炭疽病等病虫害。

图8-11 进行保花措施的青花椒花序

（2）**花后保果** 青花椒保果一般在谢花后即4月上中旬进行，同样采取营养元素补充、生长调节和病虫害防治的综合措施进行保果。

在根部施肥（高钾）的同时，可配合叶面喷施花椒专用磷钾肥、硼肥和其他中微量元素（高钙、适量锌），解决花椒挂果后所需的营养元素，切忌施含氯或高氮复合肥，会引起落果；生长调节选取花椒用的植物生长促进剂进行保果（图8-12、图8-13）；做好防治食心虫、蚜虫、红蜘蛛、锈病、炭疽病等病虫害；同时应及时抹除多余无用的新梢和内膛徒长枝。对生长的新枝或徒长枝均要进行剪除，确保结果枝的营养分配，促进花椒果实营养的需要。

图8-12 4月上旬喷施保果药

图8-13 4月中旬青花椒保果后的果实膨大期

四、注意事项

1.喷肥、施药应选择阴天或晴天上午9：00～10：00露水干后、下午4：00～7：00日落前后，以保证肥效、药效且不伤害树体。

2.农药应选择高效、低毒、低残留的产品，使用具有品牌性、规范化的农药和肥料，并在专业花椒技术人员的指导下综合使用。

浓度应严格按照要求配置，不能过大，造成伤害，亦不能过低而无效。要边喷边配，不能久置。

3.叶面喷施肥料或药液应均匀喷施在椒叶的上、下表面，喷施量应以叶尖即将滴水为宜。若遇喷后4小时内降雨，则应雨后适时补喷。

4.保花保果剂、"收老"药皆可与叶面肥和防治病虫害药混施。但应注意混合后不能有不良反应，以免造成肥效或药效降低，以及树体的损害。

第九章　青花椒的采收与采后处理

青花椒采收后，经初加工形成干青花椒、保鲜青花椒等产品。经初加工的青花椒，色泽、滋味和气味等是品质优劣的重要评价指标；研究青花椒采收、加工和贮藏过程中的色泽、滋味和气味等品质因子变化机理，对提高青花椒品质和控制生产成本具有现实意义。

一、青花椒的采收

1.采收时间

（1）时间选择　因气候、地区、海拔、光照、降雨量等因素差异，5月下旬至8月上旬都是青花椒采收适宜期；海拔低的区域比海拔高的区域采收时间早，阳坡面比阴坡面采收时间早，干旱年份比多雨年份采收时间早。当青花椒粒表面呈深绿色，油胞明显凸起，有浓郁的清香味，种子油黑色，视为青花椒已经成熟，即可采收（图9-1）。根据采后用途，确定具体采收时间分类采收。

①保鲜青花椒原料。在5月下旬至7月下旬采收，此时青花椒达到9成以上成熟度，具有鲜青花椒固有的滋味、气味和色泽，加工中不易损伤油胞。

②干青花椒原料。在6月上旬至7月下旬采收，此时青花椒达到完全成熟，晒制或烘烤的干青花椒不仅色泽青绿、开口好、闭眼椒少，而且香味浓郁、品质良好。

图9-1　成熟青花椒

③青花椒油原料。在6月下旬至8月上旬采收，因青花椒油加工采用物理压榨、萃取油、冷热油浸提等方式，对青花椒原料要求比较高，此时青花椒含水量最低、含油重、麻味浓、香味纯、苦涩味低，加工青花椒油品质较好。

④种椒原料。在8月底至9月初（即白露前后）采收，此时青花椒种子已充分成熟，果实由绿转为紫红色，极少量种皮开始开裂（图9-2）。

图9-2　可采收种椒原料

2. **采收天气**　青花椒采收应选择在晴天、多云天或阴天进行，但早晨露水未干时不能采收，中午气温过高、太阳过大也不宜采收，否则极易出现油椒而影响品质。根据不同天气情况制定了青花椒采收指数标准，按天气情况分为四个等级，其中：一级为适宜采摘，二级为较适宜采摘，三级为不太适宜采摘，四级为不适宜采摘，具体指标见表9-1。

表9-1　青花椒采收指数标准

采收指数	一级（适宜采摘）	二级（较适宜采摘）	三级（不太适宜采摘）	四级（不适宜采摘）
气象条件	1.采摘前12小时内无降雨； 2.气温小于35℃； 3.阴天、多云、晴天。	1.夜间或白天少于1/3采摘时段有小雨； 2.雨后5～6小时内有轻风、温度大于25℃，多云到晴天会加速青花椒果实及叶表面水分蒸发。	白天大于1/3采摘时段内有小雨以上量级降水。	白天青花椒采摘时段内有不间断降水。
影响	温度大于35℃时，剪枝采收影响青花椒水分吸收和新枝条生长。雨天和带露水采收，会使青花椒色泽暗淡、品质降低甚至变黑发霉；青花椒剪口容易被雨水病菌侵染，影响青花椒枝干和新芽萌发。			
建议	温度高于35℃剪枝采收时，要留下2～3根抽水枝条；有露水和降水时不采摘。			

3. 采前准备　采收前应准备青花椒果剪（图9-3）、枝剪（图9-4）等工具和盛装青花椒背篓、提篮、箩筐或专用周转筐（图9-5）等用具。工具和用具要求清洁无污染，盛装用具要求用柔软纱布或尼龙纱窗等进行内衬，以防擦伤青花椒果皮、擦破油胞；不能用塑料薄膜等不透气物品和有毒有害材料作盛装用具内衬。

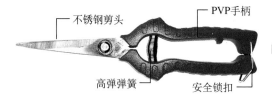

不锈钢剪头　　PVP手柄

高弹弹簧　　安全锁扣

图9-3　青花椒果剪

图9-4　青花椒枝剪

图9-5 青花椒周转筐

4.采收方法

（1）**直接采收法** 指在树上直接采收果实，后续进行枝条修剪（图9-6）。此法属传统采收方法，当前普遍认为此法采收效率较低、人工成本较高，且不利于青花椒树新梢的生长抽发。

图9-6 青花椒直接采收法

（2）**剪枝采收法** 指将有果实的枝条连果带枝一并剪下后，就地或搬运到阴凉空地进行摘果（图9-7），或将枝条截短直接进行下一环节（晒干或烘烤）处理。此法操作过程安全，可提升采收质量，降低采收成本，提高生产效率，促进青花椒新梢的萌发生长。

采收摘果时，直接采收法是捏住青花椒果柄采摘；剪枝采收法是一手捏着青花椒枝干，一手用青花椒果剪剪下或用手轻轻摘下果穗，切勿用手捏着椒粒采摘。摘下的青花椒应轻放于背篓或提篮

图9-7　青花椒剪枝采收

中，避免挤压碰撞导致油胞破裂影响品质；尽量做到采摘的净椒果一次性达到不带枝、刺、叶的要求，以减少再次整理时对椒果的碰撞擦伤。盛装椒果的背篼、箩筐等容器不能装得过多，一般以自然装满为宜，不能为了多装而用手压紧筐内枝果或净果（图9-8）。

图9-8　青花椒枝果盛装

　　5.采收质量　采收的鲜青花椒呈青绿色，无变黑椒和油椒，保持鲜青花椒原形，无破碎粒、腐烂粒。采收的净椒果要求无粗枝大叶、无花椒刺，允许有少量细枝和细蒂柄，无其他非花椒类杂质。

6.**采后运输** 采收的青花椒装料厚度合适，严防机械撞伤，即采即运，及时通风散热，控制褐变和氧化变色。用于运输青花椒的工具如汽车等要求洁净无污染，条件允许的可采用恒温运输车运输。运输过程中应减少颠簸，确保油胞不破损。运输到晒坝或加工烘烤车间后，要及时倒出，以免挤压损伤油胞。

7.**采后管理**

（1）**短暂贮藏** 鲜花椒采摘后，不能当天晒制或及时烘干时，要做好花椒的临时贮藏管理。贮藏点通常选择在室内，要求室内不漏雨、不能太通风，尽可能维持室内恒温，地面不返潮，最好选择土墙房或砖混房，地面为水泥地面。室内应维持干净，无杂物、无异味。堆放时要做到以下几点：一是轻拿轻放；二是平铺堆放，最大堆放厚度不超过20厘米；三是堆放完毕后应做好室内避光处理，适时检查。采取此法可延长鲜椒保留3 ～ 5天。

（2）**中温贮藏** 将鲜青花椒用塑料筐装好，整齐堆放到中温库内（图9-9），入库后及时将温度控制在0 ～ 5℃持续10小时，然后恒定在10℃左右，此法可延长鲜椒保留7 ～ 10天。

图9-9 鲜青花椒中温贮藏

二、青花椒的干制

经干燥的青花椒要求色泽为绿色或青绿色，无变色椒和油椒，具有干花椒固有的滋味和气味，无异味、腐烂粒和外来杂质（图9-10）。目前干燥方式主要为阳光晒制和人工烘烤两种方式。

图9-10　干青花椒

1.阳光晒制　阳光晒制是青花椒传统的干燥方式，利用太阳能热量达到使青花椒干燥的目的。

（1）**晒制方法**　青花椒晒制方法分为剪枝直晒法和净果晒制法。剪枝直晒是指连枝带果一并剪下后，直接运到晒场摊晒。此采收方法适宜场地较宽、太阳较大天气晒制干椒，是降低劳动成本的有效措施。净果晒制是将净椒果运到晒场进行摊晒。

（2）**关键环节**　为确保青花椒油胞不破裂而保证品质，从采果到摊晒，应做好四个关键环节："冷坝子、大太阳、不翻动、一天干"。

①"冷坝子"。青花椒摊晒时，在早晨晒坝还未晒热时就将青花椒均匀摊放于晒坝上；"热坝子"摊晒会因表皮升温迅速导致油胞破裂，晒制的干青花椒会出现颜色黑褐，影响品质和经济价值。

②"大太阳"。要选择太阳光线好、日照时间长、温度适宜（30～39℃）的天气进行晒制；气温低于30℃时，不宜晒制干青花椒。

③"不翻动"。青花椒在晒制过程中不能翻动，否则油胞破损，导致干青花椒色泽变黑，极大影响青花椒品质。

④"一天干"。摊晒的青花椒只能一次性晒干，才能保持晒出的青花椒色泽青绿、香麻味浓的品质，反复摊晒会导致干青花椒颜色褐黑。

（3）**操作步骤**　按照"摊、晒、筛、凉、包"等步骤，完成青花椒晒制过程。

①摊。将鲜青花椒均匀轻摊至干净、干燥的冷石坝或水泥地面上，厚度以单穗摊放、不重穗为宜。

②晒。选择阳光充足的好天气，一般经5～6小时后青花椒果

皮就开始开裂，待果皮全部爆开后，用竹棍或连枷轻轻拍打，进行柄果分离整理。

③筛。青花椒晒制到青花椒果皮爆裂、种子外落后，及时进行柄果分离；可使用振动筛、人工手筛、风车等进行筛选分离（图9-11）。不能让青花椒种子与青花椒果皮接触时间过长，以免影响干青花椒色泽。

图9-11　干青花椒筛分

④凉。青花椒整理干净后，摊放在干净阴凉地坝上或干燥室内降温，必要时采用排风扇降温；当温度降至室温时，即可进行打包入库。

⑤包。降至室温的干青花椒，用内塑料袋、外编织袋的两层包装袋进行封装，堆码贮藏冷库。

2. 人工烘烤　人工烘烤是解决青花椒成熟时常遇阴天或下雨，青花椒无法晒干，甚至出现霉椒、烂椒现象的有效措施。青花椒人工烘烤分为枝果烘烤、净果烘烤两种方式。青花椒烘烤要按照最佳干燥工艺条件实施，供热系统通过介质将热能输送到干燥系统（烘干机）的送风系统内，依次经过去除淤热、预热干燥、匀速干燥、加速干燥（开口）四个阶段，青花椒的水分通过介质带出，使其最终含水量在10%以下，达到颜色青绿、开口达标、香麻味浓的品质要求。

（1）**烘烤方式**

①枝果烘烤。指将有椒果的枝条连果带枝一并剪下后，无须再进行青花椒净果分拣采摘，直接将枝条连果带枝放进设备中进行烘烤（图9-12、图9-13）。

②净果烘烤。指将净椒果放入烘干设备进行烘烤（图9-14）。

（2）**烘烤设备**

①按结构不同分类。分平床烘干机和自动化带式烘干机，一般由供热系统、送风系统、干燥系统组成。

图9-12　青花椒平床枝果烘烤　　　　　　图9-13　青花椒枝果烘烤

图9-14　青花椒平床净果烘烤

②按烘干方法不同。平床烘干机为一机多用，自动化带式烘干机分为枝果烘干机和净果烘干机两种。

（3）作业流程

①平床烘干流程。

A.枝果烘干。

剪枝（20厘米左右）→装箱→烘干→枝果分离机→

> 枝条→粉碎→燃烧（用于烘干机供热）
>
> 脱籽筛分→暂存→色选→入库

B.净果烘干。净果→装料→温度设置→烘干→柄果分离→脱籽筛分→暂存→色选→入库。

②自动化带式烘干流程。

A.枝果烘干机。

B.净果烘干机。剪枝→采摘→装箱→烘干→柄果分离→脱籽筛分→暂存→色选→入库。

（4）参数控制

①平床烘干机烘烤，温、湿度控制参考表9-2。

表9-2　青花椒平床烘干机烘干温度控制参照

流程	温度（℃）	净果干燥周期（小时）		枝果干燥周期（小时）
烘干箱规格		2米×（2~3米）	2米×（4~5米）	
去淤热	常温	3~5	5~7	3~4
低温烘干	（30~38）±8	3~6	6~8	3~5
中温烘干	（40~48）±8	12~16	14~17	8~10
高温烘干	（50~55）±5	5~6	5~8	4~6
烘干周期		28~33	34~36	19~24

注：水分含量较高的青花椒应延长冷风吹的时间。

②自动化带式烘干，温、湿度控制。依次经过去除淤热、预热干燥、匀速干燥、加速干燥（开口）四个阶段，具体温度控制参照表9-3。

表9-3　青花椒自动化带式烘干温湿度控制及原料厚度参照

流程	原料厚度（厘米）	介质温度（℃）	排湿温度（℃）	净果干燥周期（分钟）	枝果干燥周期（分钟）
去淤热		常温	常温	20～30	20～30
预热干燥	净果10～20	（30～35）±5	25～30	300～360	240～300
匀速干燥	枝果120～150	（45～50）±5	30～35	240～270	240～300
加速干燥（开口）		（50～55）±5	30～40	120～240	100～120

三、青花椒的初加工

1. 保鲜青花椒加工　成熟鲜青花椒经去枝除叶、清洗、杀菌灭酶、冷却、称量、真空包装、速冻等生产环节，加工而成保鲜青花椒成品，工艺流程见图9-15。

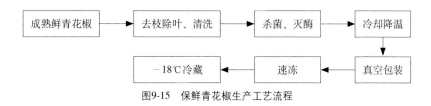

图9-15　保鲜青花椒生产工艺流程

（1）**去枝除叶、清洗**　采摘的鲜青花椒，采取人工方式去除枝叶、花椒刺等杂物，去除杂物的鲜青花椒要做到：青花椒色泽鲜绿、表面无黑斑、椒粒均匀饱满，果柄距果实长度不超过2厘米，果柄末端整齐，无尖锐剪切面，无刺、枯叶、坏死、黑斑和干穗。经去杂的鲜青花椒放入清洗池内或花椒清洗机用纯净水进行清洗，去除表面灰尘等杂质（图9-16）。

（2）**杀菌、灭酶**　利用锅炉产生蒸汽进行杀菌、灭酶处理。将清洗后的鲜青花椒平铺在输送带上，蒸汽直接喷在花椒上进行

图9-16 保鲜青花椒加工清洗

杀菌、灭酶（图9-17）；杀菌灭酶温度控制在100℃±5℃，杀菌、灭酶时间2分钟左右。

（3）**冷却降温** 杀菌、灭酶后的青花椒输送至冷却区自然冷却或快速降温设备中急速降温，冷却后的青花椒要达到椒粒温度为室温、无表面水的要求。

（4）**真空包装** 将降至室温的青花椒进行装袋（图9-18），装袋后送入真空包装机对青花椒进行抽真空密封处理（图9-19），真空包装袋要做到无漏气、胀

图9-17 保鲜青花椒蒸汽杀菌灭酶

袋，产品无变色、霉烂现象，包装袋封口整齐，封边厚薄均匀，生产日期打印准确无误。

（5）**速冻和冷藏** 将真空包装青花椒送入−25℃～−18℃速冻库中进行急冻处理（图9-20），急冻处理24小时后，转入−18℃冷藏库中贮藏。

图9-18　保鲜青花椒装袋

图9-19　保鲜青花椒真空包装

图9-20　真空包装青花椒速冻处理

2.青花椒粉加工　经烘干后的干青花椒，使用粉碎机进行粉碎，经粉碎后通过0.15 ～ 0.425毫米（40 ～ 100目）筛进行筛分，根据需要按计量装袋封口，即成青花椒粉产品。具体流程见图9-21。

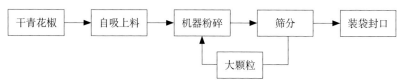

图9-21　青花椒粉加工工艺流程

四、青花椒的包装贮藏

1. 青花椒品质要求
（1）感官指标
①干青花椒感官指标包括色泽、滋味、气味、果形特征等，具体指标见表9-4。

表9-4 干青花椒感官指标（LY/T1652—2005）

项 目	特 级	一 级	二 级	三 级
色泽	黄绿色、均匀、有光泽	青绿色、均匀、有光泽	青褐色、较均匀	棕褐色、较均匀
滋味	麻味浓烈、持久、纯正	麻味浓烈、持久、纯正	麻味较浓、持久、无异味	麻味尚浓、无异味
气味	香气浓烈、纯正	香气浓烈、纯正	香气较浓、纯正	具香气、尚纯正
果形特征	睁眼、粒大、均匀	睁眼、粒大、均匀	绝大部分睁眼、果粒较大、油腺较突出	大部分睁眼、果粒较完整、油腺较稀而不突出
霉粒、染色椒	无	无	无	无
黑粒椒	无	无	偶有但极少	偶有但极少
外来杂质	无	无	极少	较少
干湿度	干	干	干	干

②保鲜青花椒感官品质包括色泽、外观、气味、滋味等，具体指标见表9-5。

表9-5 保鲜青花椒的感官指标（DBS50/003—2014）

项 目	要 求	检验方法
色泽和外观	鲜绿色或黄绿色，无霉粒、腐烂粒	将样品置于洁净白色容器中，在光线充足的条件下目测、鼻嗅、口尝
气味与滋味	具有鲜花椒固有的滋味和气味，无异味	
杂质	无粗枝大叶，无花椒刺，允许有少量的细枝叶和细蒂柄，无正常视力可见的其他外来杂质	

（2）理化指标

①干青花椒的理化指标包括杂质含量、水分含量、挥发油含量等指标，分级见表9-6。

表9-6　干青花椒的理化指标（LYT1652—2005）

项　目	特级	一级	二级	三级
固有杂物含量（%），≤	4.5	6.5	11.5	17.0
外来杂物含量（%），≤	0	0.5	0.5	1.0
水分含量（%），≤	10.0	10.0	10.0	10.0
每百克干物质挥发油含量（毫升），≥	4.0	3.5	3.0	2.5
不挥发乙醚提取物含量（%），≥	8.0	8.0	7.5	7.0

②保鲜花椒理化指标包括水分和挥发油，具体见表9-7。

表9-7　保鲜青花椒的理化指标（DBS50/003—2014）

项　目	指　标	检验方法
每百克鲜青花椒水分（毫升），≤	75	GB5009.3 第三法
每百克鲜青花椒挥发油含量（以干基计）（毫升），≥	2.5	DBS50/003—2014 附录A

（3）卫生指标　干青花椒、保鲜青花椒卫生指标应符合表9-8的要求。

表9-8　干青花椒、保鲜青花椒卫生指标（GB/T 30391—2013）

项　目	指　标		检测方法
	保鲜青花椒	干青花椒	
总砷（毫克/千克），≤	0.07	0.30	GB/T 5009.11
铅（毫克/千克），≤	0.42	1.86	GB/T 5009.12
镉（毫克/千克），≤	0.11	0.50	GB/T 5009.15

（续）

项 目	指 标		检测方法
	保鲜青花椒	干青花椒	
总汞（毫克/千克），≤	0.01	0.03	GB/T 5009.17
马拉硫磷（毫克/千克），≤	1.82	8.00	GB/T 5009.20
每百克青花椒中大肠菌群（MPN），≤	30	30	GB/T 4789.32
霉菌（CFU/克）	10 000	10 000	GB/T 4789.16
致病菌（指肠道致病菌及致病性球菌）	不得检出	不得检出	

2. 青花椒包装方式

（1）干青花椒包装。包装方式可分为大包装和小包装。

①大包装。内包装用聚乙烯薄膜袋（厚度≥0.18毫米），每袋装干青花椒25～30千克，质量应符合GB 9687、GB 9691及GB 11680的规定；外包装用麻袋、编织袋、塑料袋或瓦楞纸箱，应符合GB/T 6543的规定。用编织袋包装封口时，用缝包针缝包，保证袋口平整、针密。

②小包装。可用食品级塑料袋、铝箔自封袋或牛皮纸自封袋包装，每袋装0.2～0.5千克。

（2）保鲜青花椒包装。采取真空包装方式（图9-21），根据不同需求，每袋可分装100克、250克、400克、500克、1 000克等规格；真空包装袋要做到无漏气、胀袋，产品无变色、霉烂现象，包装袋封口整齐，封边厚薄均匀，

图9-21 保鲜青花椒真空包装袋

生产日期打印准确无误。标志标签应符合GB7718和GB/T 191的规定。

3.青花椒贮藏

（1）**保鲜青花椒贮藏**　将真空包装青花椒送入－25℃～－18℃速冻库中进行急冻处理，急冻处理24小时后转入－18℃冷藏库中贮藏。

（2）**干青花椒贮藏**

①传统贮藏法。在瓦缸内贮藏，贮藏的干青花椒的水分含量低于10%。在瓦缸底部放入包好生石灰作为干燥剂，上部放入青花椒，用塑料膜扣紧缸口，在室温下密封可贮藏一年左右。

②中温库贮藏法。将包装的干青花椒放入中温冻库贮藏，温度控制在0～10℃，可达到保鲜不变色、不变味、耐贮藏的效果（图9-22）。

图9-22　干青花椒中温库贮藏

4.青花椒运输

在装卸运输中，应轻拿轻放；运输过程中应防止日晒雨淋，注意运输工具卫生。严禁与有毒、有害、有异味的物品混装运输；严禁使用受污染的运输工具运载。保鲜青花椒运输途中应保持在25℃以下。

附录一　青花椒生产管理月历

一月，休眠期、萌芽前期

开展冬季清园，减少越冬病虫基数，预防和减轻翌年的病虫危害，清除椒园杂草、枝叶，可喷施"24％螨危（螺螨酯）"或"石硫合剂"；可追施促芽肥，可选用"挪威雅苒、芭田、开磷"等复合肥；摘心疏枝修剪，清除越冬害虫，涂刷树干。

二月，萌芽前期

做好肥料准备，及时追施促芽肥，以有机肥＋低氮的复合肥，勤施薄施；经常检查椒园，刮除树干粗翘皮、流胶病病斑，涂抹防护油膏，预防病害蔓延；重视花前用药，新栽大苗。

三月，萌芽展叶开花期

注意保花保果的准备工作，在下旬可喷施一次保花保果药液，如硼肥；疏除新梢，保证花椒果实的生长；月底注意防治花椒食心虫，观察蚜虫、红蜘蛛的发生动态。

四月，幼果期

追施壮果肥，最好选用低氮高钾的复合肥＋有机肥进行追施；在杂草幼苗期适时除草；注意防治红蜘蛛、蚧线螨、食心虫、蚜虫、锈病等病虫害的发生；后期可采用根外追肥等措施，补充花椒养分；疏除新梢的生长，保证花椒果实的生长。

五月，果实膨大期

重施高氮复合肥（采前肥），注意防治红蜘蛛、蚧线螨、蚜虫、树干虫和锈病危害；及时防除杂草；搞好采果前修剪，疏除生长新梢；结合灌水，可喷施根外追肥。5月25日后可开始采摘。

六月，果实膨大期、采收期

以促新梢的生长，搞好椒园开沟排水，选用"20％噻唑锌"防治黑胫病，开始采收保鲜花椒，采用重度或重轻度回缩修剪。

七月，果实成熟采收期

选择晴天及时采收花椒并晒制干椒；花椒修剪采用重轻度的回缩修剪方式，修剪后喷施一次药液，注意搞好树干虫、流胶病的防治。

八月，结果枝组生长旺期

继续搞好采收后的田间管理，包括对锈病、黑胫病、螨类等病虫害的防治以及追肥（有机肥＋花椒专用肥）。可选用"75％拿敌稳或43％富力库＋24％螨危"防治病虫害，并选留好结果枝，及时疏弱枝。

九月，结果枝组生长期

继续搞好上月未完成的疏枝管理工作，尤其注意做好锈病、螨类等病虫害的防治；注意疏枝，保障椒树结果枝的正常生长。

十月，结果枝组木质化期

根据椒树长势酌情补施促芽肥；注意防治锈病、螨类、蚜虫等危害；实施烯效唑控梢促老化，适时压枝，促进枝条成熟。如有缺窝的椒园，要及时进行补栽椒树，防除杂草。

十一月，生长末期

注意防治锈病、蚜线螨的危害；完成结果枝的压梢工作，搞好椒园的冬前管理。

十二月，休眠期

开展花椒摘尖（摘心）工作，对所有花椒的结果枝组都要进行摘尖，促进花椒花芽分化；开展花椒冬季清园，注意防治病虫害的发生。

附录二　青花椒

月份	十二月	一月	二月	三月	四月	五月
物候期	休眠期、萌芽前期		萌芽前期、萌芽展叶开花期		幼果期、果实膨大期	

| 农事建议 | ·清园：清除杂草、枯枝、病虫枝、落叶等，用鲜石灰液涂刷树干，用石硫合剂或矿物油兑水全园喷雾；
·第一次"醒苞药"：1月中下旬，根据花芽分化情况可喷吡唑·代森联＋增多宝（0.000 4%烯腺嘌呤·羟基嘌呤）或苄氨基嘌呤；
·冬季修剪：花椒枝干变为褐色时进行短尖修剪，以控制顶端优势，及时疏除或短截徒长、密生、交叉、细弱、下垂枝条等，摘心、继续拉枝，以增强光合作用；
·病虫害防治：主要防治红蜘蛛，可用"24%螨危（螺螨酯）"喷雾。 | ·定植、补栽：春季选择15厘米以上小椒苗适时移栽，春季发芽前可继续补栽缺窝，保证亩株数达110；
·第二次"醒苞药"：与第一次醒苞药间隔1个月；
·萌芽肥：以农家肥与复合肥配合施用，施肥量占全年施肥的15%左右；
·叶面肥：树体黄化、落叶严重及新栽小苗，可根据情况叶面喷施含多种中微量元素肥料；
·花前病虫害防治：刮去树干粗翘皮集中烧毁，注意蚜虫、红蜘蛛、食心虫防治，开花前可用10%稻腾（6.7%氟虫双酰胺和3.3%阿维菌素）或20%康宽（氯虫苯甲酰胺悬浮剂）5毫升兑15千克水喷雾防治食心虫，70%吡虫啉3克兑15千克喷雾防治蚜虫；
·除草、浇水：开春后对花椒树浅锄一次杂草，如遇春旱，及时灌水保墒。 | ·壮果肥：4月底、5月初，施用高钾复合肥或有机复合肥，占全年施肥量的20%左右，严禁施纯氮肥；
·叶面肥：5月下旬结合灌水与根外追肥，在椒果膨大期喷施0.5%磷酸二氢钾，隔10天再喷一次，果实迅速膨大时应注意补充中微量元素；
·病虫害防治：注意蚜虫、红蜘蛛、凤蝶和树干病虫防治，可选10%稻腾（6.7%氟虫双酰胺和3.3%阿维菌素）或20%康宽（氯虫苯甲酰胺悬浮剂）5毫升＋70%吡虫啉3克＋24%螨危（螺螨酯）4毫升兑水15千克喷雾防治；
·修剪新梢：随时剪掉无用新梢和徒长枝、斜生枝，确保结果枝的营养分配。 |

生产管理年历

六月	七月	八月	九月	十月	十一月
果实成熟采收期		结果枝组生长期		结果枝组木质化期	

- 月母肥：采收前后一周，重施40%～45%高氮复合肥，施肥量占全年施肥量的50%左右，面积较大椒园可陆续分片施肥；
- 采收、修剪：根据市场行情及时采收，修剪与采收同时进行，选择强壮结果枝组，在侧枝短截修剪（鲜花椒采收一般在5～10厘米处短截），同时剪掉病虫、干枯、重叠、交叉、密生、细弱枝条，预留强壮更新枝，预留少量辅助枝，修剪后及时施70%安泰生（丙森锌）600倍液预防伤口感染；
- 病虫防治：注意开沟排湿防治脚腐病，可用康宽（氯虫苯甲酰胺）防治蚂蚁、凤蝶等，用24%螨危（螺螨酯）4毫升+70%吡虫啉3克+43%好立克（戊唑醇）6毫升兑水15千克防治红蜘蛛、蚜虫、叶斑病、锈病、流胶病等，在花椒采收后剥去龟裂老翘树皮，用高效氯氟氰菊酯15毫升+70%吡虫啉5克+20%噻唑锌40毫升兑水15千克喷雾；
- 花椒晾晒：晴天采收，当天晾干为好；
- 水分管理：注意防旱排湿，及时灌水，覆盖保墒。

- 3次收老（控梢）：新梢生长至35厘米左右，用烯效唑20～25克兑水15～20千克喷雾，新梢生长至80厘米左右，用烯效唑30克兑水15～20千克喷雾，新梢长至130厘米左右，用烯效唑30克兑水15～20千克喷雾，施用收老药的同时可与病虫害防治药剂及叶面肥一同施用，药剂按常规浓度配制；
- 疏枝：剪除拥挤、细弱、病虫、交叉、干枯枝条，保留辅助枝，修剪后及时喷施70%安泰生（丙森锌）600倍液；
- 病虫害防治：针对锈病、跗线螨、蚧类害虫等，用"43%好立克（戊唑醇）6毫升+24%螨危（螺螨酯）4毫升或43%好立克（戊唑醇）6毫升+24%亩旺特（螺虫乙酯）4毫升兑水15千克喷雾2～3次。

- 压枝：10月上中旬，视枝条收老情况，人工压（拉）枝条，使树冠呈开心状；
- 缺窝补栽：如有缺窝，及时补栽大苗；
- 施越冬肥：以有机肥为主，约占全年施肥总量的15%；
- 疏剪：保留强壮枝，及时疏除或短截徒长枝，剪除采收后未修剪或新发的密生、病虫、干枯、交叉、重叠、细弱、下垂、荫蔽等无效枝条，在一枝侧上保留2～3个结果枝组；
- 松土保墒：冬季开展全园土壤浅耕，翻土10厘米左右。

注意事项：以上青花椒综合管理年历供参考，青花椒施肥的时期、用量、方式可依据具体情况灵活调整，病虫草害的防治应根据当年季节气候和青花椒具体情况而定，合理选择高效低毒无残药剂。

图书在版编目（CIP）数据

彩图版青花椒实用栽培管理技术 ／ 况觅等编著. —
北京：中国农业出版社，2021.7
ISBN 978-7-109-28126-4

Ⅰ.①彩…　Ⅱ.①况…　Ⅲ.①花椒—栽培技术—图解
Ⅳ.①S573-64

中国版本图书馆CIP数据核字（2021）第063469号

中国农业出版社出版

地址：北京市朝阳区麦子店街18号楼

邮编：100125

责任编辑：魏兆猛

版式设计：王　晨　　责任校对：吴丽婷　　责任印制：王　宏

印刷：中农印务有限公司

版次：2021年7月第1版

印次：2021年7月北京第1次印刷

发行：新华书店北京发行所

开本：880mm×1230mm　1/32

印张：4.25

字数：120千字

定价：32.00元
